라면완전정복

라면에 관한

모든 이야기

라면
라면정복자피키 지영준 지음
완전정복

북레시피

라면을 사랑하는 모든 이들에게

　　초등학교에 들어가기도 전인 아주 어린 시절부터 라면은 이미 내 삶의 일부이자, 할머니를 생각나게 하는 마법과도 같은 음식이 되었다. 반찬이 마땅치 않아 투정 부리는 나를 위해 할머니는 라면을 맛있게 끓여주곤 하셨다. 초등학생 때 스케이트장이나 눈썰매장에서 찬바람 맞으며 놀고 난 후 먹었던 라면은 얼어 있던 몸을 녹여주고 주린 배를 채워주는 삶의 온기이자 한 끼 식사였다. 고등학교 다닐 때는 친구들과 함께 라면을 끓여 먹으며 입시준비에 지친 몸과 마음을 달랬다. 군 생활을 할 때 밤새 제설작전을 하고 막사로 돌아와 먹었던 따뜻한 컵라면은 언 몸을 녹여주었고, 분대원들과 둘러앉아 밤참으로 먹던 뽀글이는 지루할 수 있었던 군 생활에 재미와 활력이 되어주었다. 전역 후 지금까지도 늘 함께하고 있는 라면, 내게 있어서 라면 없는 삶은 어떠했을지 쉽게 상상이 가지 않는다.

세계라면협회(WINA)에 따르면 2015년을 기준으로 우리나라에서 한 해 36억 5천만 개의 라면이 팔렸다. 이는 1인당 라면 소비량이 76개로 세계 1위에 달하는 기록이며, 2위인 베트남(55.1개), 3위인 인도네시아(52.8개)보다 연간 20개 이상 더 먹는 셈이 된다. 그만큼 우리나라 사람들이 라면을 좋아한다는 얘기다. 현재 한국 시장에는 농심, 오뚜기, 삼양, 팔도, 풀무원 등의 라면 회사가 있으며, 셀 수 없을 만큼 다양한 라면 제품들이 생산, 판매되고 있다. 매달 새로운 라면들이 출시되어 사랑을 받기도 하지만, 소비자들에게 외면받아 단종되는 제품들도 많다.

그런데 너무도 아쉬운 것은 이처럼 세계에서 라면 소비량이 가장 많은 우리나라에 라면을 전문적으로 소개하는 사람이 없다는 사실이다. 그래서 나는 '세상의 모든 라면을 먹어보고, 각각의 라면 맛을 사람들에게 소개하고 싶다'는 조금은 원대한 꿈을 갖게 되었다. 그리고 그 꿈을 이루기 위해 포털사이트에 라면 블로그를 만들어 글을 올리기 시작했다. 이후 '라면완전정복'의 꿈을 이루기 위한 노력은 방송 출연과 언론 인터뷰 등으로 이어졌고, 그로 인해 보다 많은 사람들에게 나의 꿈을 알릴 수 있게 되었다.

관심이 커질수록 나는 라면에 대해 더욱 세세히 연구하며 파고들기 시작했다. 그런데 현재 출판되어 있는 책들을 찾아보니 전부 요리에 관한 것으로, 라면 제품에 대해 소개하는 책은 없었다. 이런 사실로 인해 대한민국의 모든 라면을 맛보고 그 맛에 대한 평가를 담은 '미슐랭 가이드' 같은 책을 내보고 싶다는 생각이 더해졌다.

그러던 어느 날 출판사에서 연락이 왔다. 라면과 관련한 책을 써보자는 제안이었다. 이전부터 라면 제품을 소개하고 추천하는 책을 내는 것이 꿈이었지만, 이렇게 갑자기 그런 기회가 오리라고는 생각하지 못했다. 많은 고민이 있었지만 스스로를 믿고 책을 써보기로 결심했다. 책을 쓰는 과정은 내게 상당히 낯선 일이었다. 그간 먹어보았던 수많은 라면들과 그 라면들에 대한 기록을 깔끔하게 정리해야 하는 일이었기 때문이다. 이렇게 긴 글을 써보는 것도 처음이다. 콘텐츠는 풍부했지만 그것들을 제대로 잘 정리하고 표현하기란 쉽지 않았다. 그러나 다행히도 여러 방면에서 많은 분들이 도움을 주셨다. 그분들의 세심한 조언과 격려를 통해 책을 쓰는 데 있어 좋은 아이디어를 찾았고, 제품 소개를 더 깔끔하게 할 수 있게 되었다. 책을 쓰는 과정은 고되었지만 그만큼 보람찼다. 다양한 사람들을 만났을 뿐 아니라 라면 제조 과정부터 각각의 제품에 얽힌 숨겨진 이야기까지 보고 들으며 많은 것들을 배웠다.

이 책이 출간되기까지 도움을 주신 분들께 감사드린다. 무엇보다 책 출간을 먼저 제안해주었을 뿐 아니라, 대학 재학 중이라는 이유로 원고를 제때에 마무리하지 못했음에도 끝까지 믿어주고 여유 있게 글을 마무리하도록 묵묵히 기다려준 '북레시피' 출판사에 고마운 마음을 전한다. 라면에 관해 더 많이 배울 수 있는 기회를 마련해준 김요안 대표님이 아니었다면 이 책은 나오지 못했을 것이다.

농심 홍보기획팀 박지구 팀장님과 장동성 과장님께 깊은 감사의 말씀을 전한다. 업무로 바쁜 와중에도 시간을 내어 자신의 일처럼 신경 쓰며 도와주셨다. 두 분 덕에 농심의 구미공장을 견학하고 본사를 방문하면서 라면이 만들어지는 생생한 현장을 보고 많은 이야기를 들을 수 있었다. 책을 준비하는 데 아주 큰 도움이 되었다.

삼양식품의 박은경 님, 오뚜기의 김승범 차장님, 팔도의 임민욱 차장님께 또한 감사드린다. 한국 라면의 품격을 더욱 높이고 있는 각 회사의 소개 글과 함께 책에 필요한 라면 제품의 이미지 파일과 관련 자료들을 제공해주신 분들이다. 그뿐 아니라, 책을 쓰는 과정에서 문의

했던 여러 가지 질문에 대해 일일이 친절하게 답해주었다.

미국의 유명 라면 블로거 '한스 리네쉬Hans Lienesch'와 한국의 유명 라면 블로거 '슬픈라면' 님, '캬캬' 님에게도 감사드린다. 라면과 함께하는 삶을 서로 응원하면서 앞으로도 좋은 만남이 계속되길 바란다.

끝으로 '라면완전정복' 블로그에 다양한 글을 올려주는 재야의 고수님들께 감사의 말씀을 드린다. 블로그를 통해 이런저런 도움되는 의견을 들려주시는 분들과 내 글에 공감하고 힘을 실어주시는 많은 이웃이 없었다면 라면을 향한 나의 꿈은 시들었을 것이고, 이 책 또한 없었을 것이다.

'라면정복자피키' 지영준

• 책에 실린 일부 라면 제품의 이미지는 농심, 삼양식품, 오뚜기, 팔도로부터 허락받아 사용하였으며, 각 회사의 라면 생산과 역사를 소개하는 글은 이들 회사에서 직접 만들어 제공해준 자료와 회사 홈페이지에 실린 내용 등을 참고하였다. 책에 실린 그 밖의 모든 사진은 내가 직접 찍었으며, 라면 맛에 대한 느낌과 평점 등은 직접 구입하여 끓여 먹어본 후 정리한 것임을 밝힌다.

차례

서문   5

라면과의 만남,   라면에 꽂힌 어느 날   17
'라면정복자   미국의 유명 라면 블로거
피키' 이야기   '한스 리네쉬Hans Lienesch'가 준 영감   18

                   블로그가 포털사이트 메인에 오르다   19

                   방송에 출연하다   22

                   '라면정복자피키'   25

시판 라면   들어가기 전에   31

다 모여라,   1. 짜장면보다 더 맛있다, 중국집에서 싫어할까? 짜장라면   33

라면완전정복   1) 농심 짜파게티   2) 팔도짜장면

                   2. 중독성 있는 진한 국물 맛이 일품,
                      한번 먹으면 또 찾게 되는 짬뽕라면   40

                   1) 농심 오징어짬뽕 2) GS25 공화춘 짬뽕

                   3) 오뚜기 진짬뽕   4) 삼양 나가사끼홍짬뽕

3. 한국인의 입맛을 사로잡은 한국의 대표 라면, 김치라면　52
　1) 농심 김치 큰사발　2) GS25 오모리 김치찌개라면

4. 고소한 치즈 향이 한가득,
　치즈를 좋아한다면 치즈라면　58
　1) 오뚜기 콕콕콕 치즈볶이　2) 삼양 국물자작 치즈커리

5. 군대에서 핫한 라면이 궁금하다? 군대 인기 라면　64
　1) 사천짜파게티　2) 삼양 간짬뽕

6. 기름에 튀기지 않아 깔끔하다, 건강을 생각한다면 생라면　70
　1) 풀무원 꽃게짬뽕　2) 농심 야채라면

7. 간편한 국수가 생각날 땐,
　쉽게 만들어 맛있게 즐길 수 있는 국수라면　76
　1) 농심 후루룩칼국수　2) 풀무원 육개장칼국수
　3) 삼양 바지락칼국수

8. 따끈따끈한 우동이 끌릴 때, 우동라면　86
　1) 농심 얼큰한 너구리　2) 농심 튀김우동

9. 여름엔 필수, 겨울에는 별미,
　사계절 언제 먹어도 맛있는 비빔면　93
　1) 팔도비빔면　2) 오뚜기 메밀비빔면

10. 햄 향이 한가득, 부대찌개만큼 맛있다, 부대찌개라면　100
　1) 농심 보글보글 부대찌개면　2) 팔도 부대찌개라면

11. 화끈한 매운맛이 끌릴 때,
    스트레스를 확 날려주는 얼큰한 매운라면   106

   1) 농심 신라면   2) 삼양 불닭볶음면

12. 편의점 라면 얼마나 먹어봤나?
    편의점에서만 파는 편의점 PB라면   114

   1) GS25 홍석천's 홍라면 매운치즈볶음면   2) CU 속초홍게라면

   3) CU 밥말라 계란콩나물라면   4) 세븐일레븐 강릉 교동반점 짬뽕

   5) 세븐일레븐 순창고추장찌개라면

라면 맛있게
먹는 팁

1. 라면 맛있게 끓이는 방법   129

2. 라면을 간편하게 먹는 또 하나의 방법, 뽀글이   134

3. 섞어 먹으면 맛이 두 배, 맛있는 퓨전라면 레시피   143

4. 부숴 먹으면 더 맛있다,
   맛있게 라면 부숴 먹는 방법&추천 라면   154

라면에 대한
모든 것

1. 인스턴트 라면의 역사		167
2. 라면에 대한 오해?		173
3. 미국의 유명 라면 블로거 '한스 리네쉬' 이야기		180
4. 한국의 열혈 라면 블로거 '캬캬' 님의		
라면을 대하는 새로운 방법		186
5. 한국의 열혈 라면 블로거 '슬픈라면' 님의 라면 이야기		191
6. 잠깐 소개하는 일본 라면		200
• 농심 '구미공장' 방문기, 라면이 만들어지는 현장을 가다		209

부록

1. 라면완전정복 평점 정리표		215
2. 우리 라면의 역사와 미래		
• 농심		237
• 삼양식품		253
• 오뚜기		267
• 팔도		285

라면과의 만남,
'라면정복자피키' 이야기

라면에 꽂힌 어느 날

어려서부터 라면을 좋아하기는 했지만, 그렇다고 라면이 내게 그렇게 특별한 존재는 아니었다. 24년을 사는 동안 라면은 내게 별다른 의미를 전하진 못하였다. 그런데 내가 라면에 꽂혀 '세상의 모든 라면을 먹어보겠다'는 꿈을 가지고 블로그에 글을 연재하고, 책까지 내게 될 줄이야……. 정말 상상하지 못한 일이다.

내가 라면에 빠지게 된 가장 큰 이유는 21개월간의 군 생활 때문이다. 지휘통제실 작전행정병이라는 보직 때문에 나는 이등병 때부터 평일 밤샘 당직근무, 주말 당직근무 등을 서곤 했다. 당직근무는 밤에 잠을 자지 않고 근무를 서야 하는 것이기에 신체적으로, 정신적으로 힘들 뿐 아니라 매우 지루했다. 이런 당직근무는 병사나 간부 할 것 없이 달가워하지 않는다. 근무 날에는 각자 긴 밤을 이겨내기 위한 방법을 찾아야 했는데, 가장 많은 이들이 선택했던 방법이 바로 PX(군부대 매점)에서 주전부리 사오기였다. PX에서 사온 과자나 라면 등으로 긴 밤동안 허기도 달래고 지루함도 없앴다.

군 생활을 하면서 나는 보통 사흘에 한 번이나 이틀에 한 번 당직근무를 섰다. 그러다 보니 자연스럽게 라면을 많이 먹게 되었다. 큰 변화가 없기에 밋밋할 수 있는 군 생활 중에는 사소한 일에서도 재미를 느껴야 한다. 군부대 근무를 서면서 다양한 라면을 접하게 된 나는 가능한 많은 제품들을 먹어보려 했다. 그렇게 여러 종류의 라면을 하나하나 먹어가던 나는 오묘하고도 매력적인 라면의 세계에 더욱 깊숙이 빠져들게 되었다. 그리하여 제대하고 사회에 나가면 군대에서 만나보지 못한 이 세상의 모든 라면들을 먹어보아야겠다는 원대한 꿈(?)을 품게 되었다. 보람찬 군 생활을 통해 얻게 된 아름다운 꿈이었다.

미국의 유명 라면 블로거 '한스 리네쉬Hans Lienesch'가 준 영감

군 생활을 하면서 라면에 조금씩 관심을 두게 된 나는 인터넷 검색을 통해 라면에 대해 본격적으로 알아보기 시작했다. 하지만 그때까지 우리나라에는 라면을 전문적으로 소개해주는 사람이 없었다. 있다고 해도 그 일을 지속적으로 해나가는 사람은 없었다. 몇 차례에 걸쳐 라면 소개를 하다가 얼마 지나지 않아 그만두는 경우가 대부분이었다. 우리나라처럼 국민 대다수가 다양한 종류의 라면을 즐기는 나라에서 라면을 전문적으로 소개해주는 사람이 없다는 것은 아쉬운 일이다.

그러던 어느 날 라면에 관한 기사를 읽다가 '한스 리네쉬'라는 미국의 유명한 라면 블로거가 있다는 사실을 알았다. 한스 리네쉬는 2002

년부터 전 세계 라면들을 직접 먹어보고 일일이 점수를 매겨가며 소개하고 있었다. 오랫동안 꾸준히 라면을 소개해온 사람이 미국에 있다는 사실이 놀라웠다. 우리나라에도 그와 같은 역할을 해주는 사람이 있으면 좋겠다고 생각했다. 그럴 사람이 없다면 내가 한스 리네쉬처럼 사람들에게 여러 종류의 라면들을 소개해주고 싶었다. 그렇게 해서 아직 전역도 하지 않은 나는 세상의 모든 라면을 먹어보고 그 맛을 알려주겠다는 라면정복자의 꿈을 키우게 되었다. 드디어 21개월간의 군 생활을 마치고 사회로 돌아온 나는 '라면완전정복'이라는 이름의 블로그를 만들었고, 이를 통해 내가 먹어본 다양한 라면 제품들에 대한 평가와 소개를 시작하게 되었다.

블로그가 포털사이트 메인에 오르다

라면 리뷰를 2년 이상 꾸준히 지속하자 라면에 관심을 가진 사람들이 정기적으로 드나들면서 구독자들도 꽤 늘긴 했지만 여전히 내 블로그는 많이 알려지지 않은 상태였다. 그러던 차에 뜻밖의 행운이 찾아왔다. 평소와 다름없는 날이었는데 하루 3,000명 안팎이던 블로그의 방문자 수가 20만 명 가까이로 늘어난 것이다. 갑자기 늘어난 방문자 수에 놀라 분명 어딘가에 내 글이 올라갔나 보다 생각하고 확인해보았더니 나의 글이 N 포털사이트 메인에 떠 있었다. 네티즌들의 반응이 좋자, 담당자는 내가 제작한 다른 소개 글들도 메인에 올리기 시작했다. 내 블로그의 라면 특집들이 많은 사람들에게 소개될 수 있어서 너무도 기뻤다.

라면 특집에 대한 네티즌들의 반응이 계속 뜨겁다 보니 포털사이트 담당자가 직접 나에게 연락을 했다. 블로그에 연재할 게 아니라 새롭게 시작하는 연재 공간에서 고정 에디터로 활동해볼 생각이 없느냐는 제안을 해왔다. 적은 액수지만 매회 소정의 창작지원금을 받고 라면 특집을 제작해 포털사이트 메인에 소개할 수 있겠냐는 것이었다. 블로그가 아닌 포스트라는 페이지의 특성 때문에 소개할 수 있는 내용이 한정될 수밖에 없다는 점은 좀 아쉬웠지만, 많은 네티즌들과 소통할 수 있는 공간을 갖는다는 건 정말 기쁜 일이었다. 나는 제안을 흔쾌히 수락했고, 새로운 연재 공간에서 매주 1회 특집을 연재하게 되었다.

'라면완전정복 특집'이라는 타이틀로 연재된 글은 네티즌에게 과분한 사랑을 받았다. 내가 제작한 특집은 매회 10~20만뷰 이상의 조회수를 기록했고, 수많은 댓글이 달렸다. 여기에 힘입어 자신감을 갖고 특집을 연재했으나, 시간이 지남에 따라 또 어떤 특집을 소개하면 좋을지 고민이 많아졌다. 아이디어가 떠오르면 즉시 노트에 메모를 하고, 새로운 라면을 구입하기 위해 수십 곳의 마트와 편의점을 찾아다니는 것이 다반사였다. 그렇게 공을 들인 특집들은 좋은 평을 받기도 하였지만, 내용이 허술하다 싶을 때는 혹평을 받기도 했다. 어떻든 간에 많은 네티즌들의 애정 어린 조언과 날카로운 비판, 모두 너무나도 감사했다. '라면완전정복'이라는 꿈을 이루어가는 데 있어서 이러한 소통은 매우 귀중한 경험이 되었다. 그렇게 네티즌들의 다양한 의견을 듣고 더욱 노력한 결과 보다 알찬 콘텐츠를 제작할 수 있었다. 덕분에 '라면완전정복 특집'은 더 많이 알려졌고, 그만큼 나의 기쁨은 커져갔다.

방송에 출연하다

블로그와 함께 포털사이트에도 연재를 하다 보니 내가 마치 유명인사가 된 것처럼 언론사에서 연락이 왔다. 한국일보 기자분이 연락을 주었는데 라면과 관련한 기사를 쓰면서 조언을 부탁한 것이었다. 나는 흔쾌히 도움을 주었다. 그 후 또다시 행운이 찾아왔다. MBC 방송국에서 연락이 왔다. 방송국에서는 '라면'에 관심이 많은 사람을 찾고 있다고 했다. 몇 번 미팅을 하고 난 이후 방송 출연 제의가 들어왔다. 세상의 모든 라면을 소개하겠다는 꿈을 가지고 있던 나를 대중에게 알릴 수 있는 기회가 온 것이다. 방송에 출연한 경험이 없어서 걱정이 되기도 했지만, 이런 기회를 놓칠 수 없었다.

　그러나 처음 제의가 들어왔던 방송국의 프로그램 형식은 나의 꿈을 알리기에 적합하지는 않았다. 다양한 취미 생활 가운데 자신이 좋아하는 것에 거의 전문가 수준인 능력자들을 소개하는 예능 프로그램이었다. 그렇다 보니 시청자들에게 재미있는 것을 보여주어야 했고, 방송국 측에서는 내게 무리한 것을 요구하기도 했다. 예를 들면, 100개의 봉지라면 중에서 무작위로 골라 끓인 라면의 외관만 보고 무슨 라면인지 맞혀보라고 했다. 별로 내키지는 않았지만 제작진이 간곡하게 부탁해서 하기로 했다. 다행히도 방송 진행자와 게스트들이 대중적으로 알려진 라면을 골라주어 맞힐 수는 있었다. 하지만 그런 퍼포먼스는 다시 하고 싶지 않다.

방송에 출연하면서 내게 의미 있고 즐거웠던 일은 라면을 골라 맞히는 이상한 능력보다는 진행자나 게스트들과 함께 라면에 대한 이야기를 나눈 것이었다. 메인 MC였던 김구라 씨가 가끔 나를 우습게 포장하기도 했지만, 대본에 없는 질문으로 라면에 관해 내가 알고 있는 깨알 같은 정보와 지식 등을 시청자들에게 선보일 수 있게 해주었다. 덕분에 방송에서 '라면정복자피키'로서의 나의 모습을 어느 정도 보여줄 수 있어 정말 다행이었다. 방송 후 내가 라면에 그처럼 많은 관심을 가지고 있는지 몰랐던 주변 사람들이 나를 알아보기도 하였고, 블로그와 포털사이트를 통해 나의 리뷰와 특집을 구독하던 네티즌들이 방송을 보고 방명록에 글을 남겨주기도 했다. 이렇게 첫 방송 출연은 '라면정복자피키'에게도 그리고 개인 '지영준'에게도 하나의 큰 사건이었다.

그 후에도 방송 출연 제의가 몇 번 들어왔는데 대부분 재미를 위해 왜곡되고 과장된 것을 요구하여 거절했다. 다시 출연을 하게 된다면 나의 능력을 있는 그대로 보여줄 수 있는 데만 나가야겠다고 마음먹은 때문이기도 했다. 그런데 포털사이트에서 주 1회 라면 특집을 연재하고, 대학을 다니며 하루하루를 보내던 내게 또 다른 방송 출연 제의가 들어왔다. 이번에는 케이블 방송인 tvN이었다. 촬영을 제안하는 작가에게 이전 출연했던 프로그램처럼 부자연스러운 부분이 있다면 나가지 않겠다고 했더니 그런 것을 원하는 프로가 아니라는 답이 돌아왔다. 미식가들이 음식에 대해 이야기하고 토론하는 방송이므로 라면에 대한 평가를 자연스럽게 이어가면 된다고 했다. 나는 '라면'에 대해 토론하면서 여러 가지 이야기를 할 수 있는 자리에 참석하게 되어 영광이라 생각했고 작가에게도 고마운 마음이 들었다.

그렇게 해서 출연한 두 번째 방송은 여러 패널 중 한 명이다 보니 방송 분량은 많지 않았지만 라면 블로거로서 내가 보여주고자 하는 모습을 선보일 수 있었다. 그동안 먹어본 라면들에 대해 소신껏 이야기하며 꽤 만족스럽게 촬영을 마무리할 수 있었다. 이후 조선일보, 모바일 매거진과의 인터뷰 등 언론의 관심이 이어졌다. 부족한 나의 꿈을 높이 평가해주는 많은 사람들 덕분에 자부심은 더욱 커졌고, '라면정복자 피키'로서의 생활에 대해서도 더 진지하게 생각해보게 되었다.

'라면정복자피키'

포털사이트에 1년간 특집을 연재하면서 나는 '라면정복자피키'라는 아이디를 사용했다. '라면 정복자 피키'로 띄어쓰기를 할 수 없어 사용하게 된 닉네임이다. 어릴 적 최대 관심사였던 애니메이션 〈포켓몬스터〉의 주요 캐릭터인 '피카츄'의 이름을 딴 것이기도 하다.

세상의 모든 라면을 먹어보겠다는 실체 없는 나의 꿈은, 실제로 맛본 라면에 대한 평가를 블로그에 올리는 것으로 그 실체를 드러내게 되었다. 그런데 음식에 대한 평가는 주관적일 수밖에 없다. 라면에 대해 평점을 내릴 때 나의 취향이 반영될 수밖에 없음을 부인하진 않겠다. 그렇지만 최소한의 원칙을 세우고, 그 원칙에 따라 평가하려 했다.

첫째, 맛을 제대로 느끼기 위해 배가 고플 때는 절대로 라면을 먹지 않는다. 객관적인 평가를 위해서 식사를 하고 두세 시간이 지난 뒤에야 맛을 본다. 배가 고플 때 라면을 먹으면 결코 제대로 된 평가가 나올 수 없기 때문이다.

둘째, 직접 사먹고 평가한다. 라면을 직접 구입하면서 가격을 확인하고, 시장에서 제품을 얼마나 쉽게 구할 수 있는지를 파악한다. 가격이나 구입의 편리성 등 맛 외적인 부분도 따져보고 평점을 매긴다. 맛은 좋지만 가격이 터무니없이 비싸거나 구하기가 힘들면 평점을 낮추

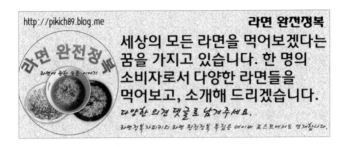

고, 맛은 부족했어도 가격이 저렴하고 구입이 편리하다면 좀 더 높은 평점을 주고자 했다.

셋째, 주변 사람들과 온라인상의 소비자들 평도 고려한다. 이와 같은 원칙을 통해 주관적일 수밖에 없는 맛에 대한 평가를, 어느 한쪽에 치우치지 않게 균형을 잡고자 했다. 앞으로도 더욱 공정한 평가와 소개를 위해 끊임없이 제품 평가 방식을 개선해나가도록 노력할 것이다.

본격적으로 책을 읽어나가기에 앞서 독자 여러분들이 가장 궁금해할 것에 대해 먼저 답하겠다. 주변의 많은 분들이 지금까지 내가 먹어본 라면들 중 어떤 라면이 가장 맛있냐고 묻는다. 물론 이에 대한 대답은 쉽지 않다. 맛있게 먹은 라면들이 정말 많기 때문이다. 단 하나의 라면을 선택하기란 결코 쉽지 않다. 하지만 지금 이 책을 읽고 있는 독자의 취향이 분명하다면 그를 위한 가장 맛있는 라면을 추천해줄 수는 있다. 각자의 취향을 앞세워 라면정복을 위한 강인한 호기심으로 한 페이지, 한 페이지 내달리듯 읽다 보면 자신의 입맛에 가장 어울리는 라면을 운명처럼 만날 수 있게 될 것이다. 모두의 건투를 빈다.

일본에서는 내가 좋아했던 만화 〈포켓몬스터〉를 활용한 라면 제품을 팔고 있었다.

시판 라면 다 모여라,
라면완전정복

일러두기

• 예시된 라면 제품들 가운데 (   ) 안의 제품들은 편의점 라면 제품을 구분한 것이다.

• 본문에 소개된 각 라면 제품의 매운맛 정도는 아래와 같이 다섯 단계로 표시했다.

🌶🌶🌶🌶 최상　🌶🌶🌶 상　🌶🌶🌶 중상　🌶🌶🌶 중　🌶🌶🌶 하

들어가기 전에

독자들에게 알기 쉽고 재미있게 다양한 라면을 소개하기 위한 방법으로 각각의 라면 맛을 평가하면서 여러 기준에 따라 평점을 부여해보았다. 평가 점수는 여러 차례 수정을 거치면서 5점 만점을 기준으로 하였다. 평가의 주된 요소는 '맛'이 기본이 되지만 그 외 라면 가격, 구입 편리성, 인지도, 인기 등 외적 요인도 함께 고려하여 평점에 반영하였다. '맛'은 주관적인 것이기에 나 자신의 입맛 혹은 취향에 따를 수밖에 없있다. 그러므로 이 책을 읽는 독자들은 저자의 평점은 참고로만 하고, 본인의 입맛과 취향에 맞는 라면을 찾아보기 바란다.

책의 뒷부분에, 지금까지 내가 먹어본 모든 라면 제품의 평점을 정리해놓았다. 어떤 라면을 먹어야 할지 고민이 된다면 '부록' 편에 마련한 '라면완전정복 평점 정리표'를 참조하여 결정해도 좋겠다. 또한 책에 미처 싣지 못한 신제품에 대한 평가는 블로그에 계속 업데이트할 예정이다. 가장 최근에 출시된 라면에 대한 평점을 보고 싶다면 다음의 QR코드를 통해 확인하기 바란다.

1

짜장면보다 더 맛있다,
중국집에서 싫어할까? 짜장라면

라면을 특성에 따라 분류하라 할 때 가장 먼저 나눌 수 있는 라면이 바로 짜장라면이다. 국내에 출시된 짜장라면은 그 이름을 다 댈 수 없을 정도로 종류가 많다. 이미 단종되어 구할 수 없는 제품부터, 오랫동안 사랑받아온 제품, 그리고 새로 출시된 제품까지 정말 다양하다. 그만큼 많은 사랑을 받는 라면이라 할 수 있다.

농심: 짜파게티 범벅, 짜파게티, 사천짜파게티, 짜왕

삼양: 짜짜로니, 갓짜장, (이마트 하바네로 짜장)

오뚜기: 북경짜장, 진짜장

팔도: 일품짜장면, 팔도짜장면, 뽀로로짜장,

(GS25 공화춘 짜장, 이마트 손짜장, CU 불타는 짜장)

풀무원: 오징어먹물짜장

짜파게티로 대변되는 짜장라면은 짜장면과는 또 다른 그만의 특유의 맛이 있다. 소비자들은 중국집에서 사먹는 짜장면의 맛과는 구별되는 짜장라면만의 독특한 맛을 즐긴다. 내가 라면 리뷰를 시작하면서 만날 수 있었던 짜장라면들은 짜파게티, 짜자로니, 북경짜장 등이었다. 이런 제품들이 오랫동안 소비자들에게 사랑받게 되자 어느 때인가부터 '프리미엄'이라는 이름이 붙은 몸값이 오른 짜장라면들이 출시되기 시작했다. 짜왕, 갓짜장, 진짜장, 팔도짜장면 등이 바로 그 주인공들이다. 이들은 기존의 짜장라면에 비해 가격만 오른 것이 아니라 맛도 다양해지고, 면발도 달라지는 등 진정 새로운 짜장라면의 모습을 보여주었다.

지금까지 내가 블로그를 통해 추천했던 짜장라면 중에서 몇 제품을 소개하고자 한다. 한 번쯤 맛본 제품이라면 직접 그 맛의 평점을 매겨가며 비교해보아도 재미있지 않을까 한다.

1) 농심 짜파게티

출시 1984년 3월 | 매운맛 𝄢𝄢𝄢 | 라면완전정복 평점 4

짜장라면계의 절대 강자 짜파게티

라면을 좋아하는 사람치고 짜파게티를 먹어보지 않은 사람이나, "일요일엔 내가 짜파게티 요리사 ♬"라는 광고를 접해보지 못한 사람은 드물 것이다. 그만큼 짜파게티는 국민 짜장라면이라 할 수 있다. 그런데 우리에게 너무나도 익숙한 짜파게티라는 이름은 '스파게티'에서 유래했다고 한다. 스파게티의 부드러운 맛에 짜장 소스를 곁들여 만들었기 때문에 '짜파게티'라는 이름을 붙였다고. 짜파게티의 인기가 높아지자 기존 레시피에 올리브유를 첨가한 올리브 짜파게티가 생산되었는데, 역시나 커다란 호응을 받았으며 그 인기는 지금까지도 이어지고 있다.

실제로 2015년 내가 블로그에 연재했던 '신제품 짜장라면 특집'에 가장 많이 달렸던 댓글 중 하나가 "비싼 신제품 짜장라면보다 짜파게티가 훨씬 낫다"였다. 물론 그 의견에 전적으로 동의할 수 없다 하더라도, 그만큼 많은 소비자들이 짜파게티를 가장 선호하고 있음을 알 수 있다.

짜파게티는 다들 잘 알다시피 스프가 분말로 되어 있어 어떻게 조리하느냐에 따라 맛이 확 달라진다. 기본적으로 봉지라면의 표준 조리법은 면을 익힌 후 물을 조금 남기고 그릇에 옮긴 다음 과립스프와 올리브오일을 넣어 비벼 먹으라고 나와 있으나, 그렇게 하지 않고 볶아서 먹는 경우도 꽤 있다. 이처럼 조리법은 각자의 입맛에 따라 다양하게 바꿀 수 있다. 어떤 사람은 아예 물기를 다 빼고 분말스프를 넣어 아주 푸석하게 먹는 것을 즐기기도 하는데 그 조리법은 호불호가 명확히 갈릴 수 있으니 권장하지는 않는다.

Tip 짜파게티는 뽀글이로 만들어 먹어도 참 괜찮고, 부숴 먹어도 좋다.
관련 라면 농심 짜왕, 농심 사천짜파게티, 삼양 짜짜로니

2) 팔도짜장면

출시 2015년 7월 | 매운맛 𝄠𝄠𝄠 | 라면완전정복 평점 3.8

언더독 팔도짜장면의 반란

오랜 시간 짜파게티가 짜장라면 시장을 독점하고 있었지만, 한쪽에서는 짜파게티로 대변되는 기존 짜장라면과는 다른 맛의 라면을 바라는 소비자들이 생겨났다. 그런 소비자들의 입맛에 어필한 제품이 액상소스를 사용한 팔도의 라면 제품들이다. 팔도는 GS25의 공화춘 짜장라면부터 일품짜장면에 이르기까지 다양한 제품을 선보이며 수많은 마니아층을 얻게 되었다. 그러던 차에 이연복 셰프를 광고모델로 발탁하고, 팔도만의 액상스프 노하우를 담은 '팔도짜장면'까지 출시하면서 소비자들로부터 엄청난 호응을 받았다.

내가 포털사이트에 연재했던 라면완전정복 특집의 '신제품 프리미엄 짜장라면 특집'에서 팔도짜장면의 인기는 엄청났다. 네티즌들은 특집이 나올 때마다 자신이 가장 좋아하는 제품에 댓글을 달며 공감을 표현하는데, 특집으로 소개한 5개사의 프리미엄 짜장라면 중에서 가장 많은 네티즌이 맛있다고 말한 제품이 바로 팔도짜장면이었다.

팔도짜장면은 권장 조리법을 두 가지 제공한다. 첫 번째 방법은 면을 익힌 후 물을 5스푼만 남기고 비벼 먹는 것이고, 두 번째 방법은 이연복 셰프가 제안하는 볶아 먹는 방법이다. 개인적으로 짜장라면이나 볶음면의 경우, 볶아 먹는 것을 좋아하지만 이연복 셰프가 말한 방법은 어렵다. 그것은 요리나 다름없다고 생각된다. 나는 첫 번째 방법이나, 혹은 면을 익힌 후 물을 아주 조금 남기고 소스를 넣어 볶아서 먹는 방법을 추천한다. 짜장라면을 살짝 볶아주면 맛이 더욱 좋다.

기존의 팔도 짜장라면들을 즐겼던 소비자들에게는 익숙한 맛일 텐데, 나는 팔도짜장면을 먹으면서 팔도의 '일품짜장면'과 GS25의 '공화춘 짜장'(팔도 제조)이 생각났다. 타사의 제품들과 확연하게 다른 일련의 팔도 라면에서 느낄 수 있는 맛을 팔도짜장면에서도 느낀 것이다. 살

짝 시큼한 맛이 나는 액상소스는 부드러운 면과 만나 짜장면 본연의 맛
을 더욱 살려낸다. 물론 실제 중화요리집에서 먹는 짜장면 맛에 비할
수는 없겠지만 기존의 짜장라면들과는 다른 맛을 구현하려고 많이 노
력한 제품이다. 팔도가 만든 짜장라면들을 아직 먹어보지 못했다면 우
선 '팔도짜장면'을 시도해보기 바란다.

관련 라면 팔도 일품짜장면, GS25 공화춘 짜장

2

중독성 있는 진한 국물 맛이 일품,
한번 먹으면 또 찾게 되는 짬뽕라면

가장 큰 마니아층을 형성하고 있는 라면 장르로는 짜장라면과 함께 짬뽕라면이 있다. 중화풍 라면의 대표 장르인 짜장라면과 짬뽕라면은 시중에 그 수를 다 헤아릴 수 없을 정도의 제품이 출시되어 있을 만큼 남녀노소 모두에게 인기가 좋다. 특히 짭짤하고 진하면서 얼큰한 국물을 좋아하는 한국인에게 짬뽕라면은 잘 맞을 수밖에 없으며, 그 국물 맛에 빠지면 쉽게 헤어나오기 힘들다. 비가 오는 날, 술 마신 다음 날 해장으로, 등산 중에, 찬바람이 부는 추운 계절 등 언제 어느 때 먹어도 맛있는 짬뽕라면. 여기서는 그간 내가 먹어본 제품 중에서 가장 괜찮았던 짬뽕라면들을 소개하도록 하겠다.

　　농심 : 오징어짬뽕, 맛짬뽕

　　삼양 : 나가사끼짬뽕, 나가사끼홍짬뽕, 갓짬뽕,

　　(이마트 하바네로짬뽕, 세븐일레븐 교동반점 짬뽕)

　　오뚜기 : 북경짬뽕, 진짬뽕

　　팔도 : 불짬뽕, (GS25 공화춘 짬뽕, 이마트 손짬뽕, 세븐일레븐 교동반점 직화짬뽕)

　　풀무원 : 꽃게짬뽕, 꽃새우짬뽕, 통영굴짬뽕

1) 농심 오징어짬뽕

출시 1992년 7월 | 매운맛 🌶🌶🌶 | 라면완전정복 평점 4.2

영원한 스테디셀러 짬뽕라면

인기가 좋은 라면에는 항상 농심 제품이 빠지지 않는다. 흔히들 '오짬' 이라고 부르는 오징어짬뽕 라면은 출시된 지 25년이 되었는데도 여전히 엄청난 인기를 누리고 있다. '짜장라면에 짜파게티가 있다면 짬뽕 라면에는 오징어짬뽕이 있다'는 말을 하고 싶을 정도로 마니아층의 사랑은 두텁다. 이렇게 인기가 좋은 제품이지만 예상 외로 오징어짬뽕이 출시될 당시에는 회사에서 별 기대를 하지 않았다고 한다. 그래서 다른 라면 제품과 달리 광고도 하지 않았다고. 그런데 소비자들의 반응이 좋아 제품이 잘 팔리면서 입소문이 나기 시작했고, 그 덕분에 광고를 함으로써 더욱 알려졌다고 한다. 출시된 지 25년이 지난 지금 프리미엄 짬뽕라면이라고 하여 나온 제품이 많이 있지만, 일반적으로 프리미엄 제품들이 오징어짬뽕보다 못하다는 평이 꽤 많다. 오랜 시간이 지났지만 여전히 저렴한 가격에 맛도 좋아 소비자들에게 꾸준히 사랑받는 제품이라고 말하고 싶다.

이 제품은 이미 다들 잘 알고 있겠지만 살짝 매콤하면서 진한 오징어 향이 일품이다. 또한 전체적으로 간이 잘 맞아 무난하게 먹을 수 있다. 짬뽕

라면의 표준이 되는 맛이라고 하겠다. 그래서 호불호가 잘 갈리지 않는 짬뽕라면을 고르고 싶다면 이 제품을 추천한다. 나 역시 참 맛있게 먹은 제품이다. 다만 오랫동안 이 제품을 먹어온 소비자들의 말에 따르면 리뉴얼된 이후로 맛이 바뀐 것 같다고 한다. 그래서 이전의 맛을 그리워하기도 한다는데, 나는 리뉴얼 이전이든 이후든 양쪽 모두 맛이 괜찮다고 생각하기 때문에 자신 있게 이 제품을 추천하고 싶다.

Tip 오징어짬뽕 라면은 뽀글이로 먹어도 맛있다. 실제로 이 라면은 뽀글이로 먹기에 좋은 제품으로 널리 알려져 있다. 뽀글이로 먹을 때는 또 그것대로 꼬들꼬들한 면과 오징어짬뽕만의 진한 맛을 느낄 수 있다.

관련 라면 오뚜기 북경짬뽕

2) GS25 공화춘 짬뽕

탄탄한 마니아층을 형성한 짬뽕라면의 강자

공화춘 짬뽕라면은 100년 전통의 중화요리집 '공화춘(共和春)'의 이름을 걸고 출시된 제품이다. 공화춘 시리즈는 짜장라면과 짬뽕라면 등 중화풍 라면 두 종류가 있는데 둘 다 인기가 정말 좋으며, 마니아층이 탄탄한 제품이다. 이 제품은 GS25 편의점과 GS I 슈퍼마켓, 그리고 PX에서도 구할 수 있는데, 덕분에 편의점을 많이 이용하는 젊은 층과 군인들 사이에서 매우 인기가 높다. 공화춘 짬뽕라면은 두 가지 종류가 있는데, 봉지라면과 용기면 모두 인기가 대단하다. 여기서는 봉지라면 2종 제품을 차례로 소개하고자 한다.

GS25 공화춘 삼선짬뽕

출시 2007년 8월 | 매운맛 🌶🌶🌶 | 라면완전정복 평점 4

'공화춘'의 이름을 내건 해물짬뽕 라면의 명작

가장 먼저 출시된 공화춘 짬뽕라면이다. 짭짤한 맛이 매우 인상적이며, 먹을 때 새우와 홍합의 향이 은은하게 느껴진다. 후에 매운맛을 강조하여 나온 '공화춘 아주매운짬뽕'과 달리 맵지 않아 누구라도 먹을 만하다. 해물짬뽕 라면의 느낌을 아주 잘 살린 제품이라고 하겠다. 진한 해물짬뽕의 맛을 구현하는 데 있어, 팔도의 해물라면 기술이 많은 영향을 미쳤다고 생각한다. 팔도에 '일품 해물라면', '일품 해물왕컵' 등이 있는데 그 영향을 받았다고 본다.

공화춘 삼선짬뽕은 봉지면 외에 용기면도 있는데 용기면 또한 아주 인기리에 팔리고 있다. 봉지면, 용기면 둘 다 다른 라면에 비해 나트륨 함량이 좀 많다는 것 빼고 나에게 전체적으로 꽤 만족스러웠던 제품이다. 아직 공화춘 짬뽕라면을 먹어보지 않았다면 꼭 한번 맛보길 권한다.

GS25 공화춘 아주매운짬뽕

출시 2013년 3월 | 매운맛 ✦✦✦ | 라면완전정복 평점 4.2

맛있게 매운 짬뽕라면

아주매운짬뽕은 처음에 용기면으로 나왔는
데 출시하자마자 소비자들에게 엄청난 인
기를 끌자 봉지면으로도 나오게 되었다.
이 제품은 강렬한 맛을 원하는 소비자들
의 요구를 반영하여 본연의 매운맛을 강조
한 짬뽕라면이다.

　　그러나 내가 판단하기에 먹기 힘들 정도의 매
운 라면은 아니다. 기존의 '매운라면'보다는 좀 더 맵게 느껴
지는 것이 사실이지만, '틈새라면'급의 아주 매운 맛을 원하는 소비자
라면 실망할 수도 있다. 하지만 맛있게 매워서 나는 만족스러웠다. 홍
합 향이 연하게 풍겨나고 해물 맛이 느껴지는데, 자매품인 공화춘 삼
선짬뽕에 비해 해물짬뽕의 느낌은 덜하고 짬뽕라면의 매운맛은 더욱
강해졌다. 매콤한 짬뽕라면이 끌린다면 이 제품을 추천한다.

3) 오뚜기 진짬뽕

출시 2015년 10월 | 매운맛 ⁕⁕⁕ 라면완전정복 평점 4.4

진한 해물짬뽕의 맛을 원한다면 진짬뽕

2015년 프리미엄 짬뽕라면들이 속속 출시되었을 때 진짬뽕은 짬뽕라면 열풍을 주도했다. 기존에 출시되어 있던 짬뽕라면들과 비교하여 2015년에 출시된 짬뽕라면들은 면이 달랐고, 향미유를 첨가해 프리미엄 짬뽕라면임을 표방했다. 진짬뽕도 기존의 라면 제품보다 두껍고 넓은 면(3mm)을 사용해 식감을 높였고, 불향이 느껴지는 조미유를 넣어 더욱 짬뽕 같은 느낌을 주었다. 특히 진짬뽕은 비슷한 시기에 출시된 다른 짬뽕라면들과 변별되는 특색을 보여주었는데, 오뚜기 팀에서는 전국 짬뽕 맛집들을 방문한 데 이어 일본까지 건너가 진짬뽕

만의 차별화된 맛을 만들기 위해 동분서주하였다
고 한다.

　이런 노력으로 만들어진 진짬뽕은 다른
짬뽕라면들에 비해 매우 진한 해물 향과 은
은한 불향이 인상적이다. 짭짤하고 자극적
인 짬뽕의 기본 맛에 더하여 짬뽕라면으로 구
현할 수 있는 다른 맛들을 담아내려고 애쓴 결과
일 것이다.

　물론 소비자들 사이에서는 진짬뽕이 달거나 입맛에 맞지 않는다
는 평도 있으나, 진한 해물짬뽕 맛을 원한다면 만족할 수 있을 것이다.
출시 이후 1년간 1억 7천만 개가 팔린 진짬뽕, 아직 맛보지 않았다면
꼭 시도해보기 바란다.

관련 라면 농심 맛짬뽕, 팔도 불짬뽕, 삼양 갓짬뽕

4) 삼양 나가사끼홍짬뽕

출시 2013년 6월 | 매운맛 /// | 라면완전정복 평점 4.6

유명하지 않지만, 먹어본 사람은 계속 찾는 제품

한동안 소비자들의 입맛을 사로잡은 하얀 국물 열풍 사이에서 가장 인기를 끌었던 라면 중 하나인 '나가사끼짬뽕'은 하얀 국물 라면 열풍이 지나간 후에도 소비자들에게 꾸준히 사랑을 받았다. 이런 사랑을 바탕으로 삼양에서는 자매품을 개발했는데, 이 제품이 바로 '나가사끼홍짬뽕'이다. 기존의 짬뽕라면들과는 달리 빨간 국물과 함께 화끈한 불향이 느껴지는 차별성을 확실하게 보여주는 제품이다.

그러나 안타깝게도 나가사끼홍짬뽕은 나가사끼짬뽕만큼 널리 알

려지지 않았다. 하지만 나가사끼홍짬뽕을 한 번이
라도 먹어본 사람들은 대다수 그 맛에 반하여
재차 이 제품을 찾는 경우가 많았다. 실제
로 내 글이 연재된 블로그와 포털사이트
에서도 이 제품에 대한 소비자들의 호평
이 가득했다. 인지도는 낮지만 마니아층이
아주 탄탄한 제품이라 하겠다.

나가사끼홍짬뽕에 들어 있는 '불향 조미유'는
기존 짬뽕라면에 불향과 매콤한 향, 고소한 향을 더해준
다. 이러한 향은 그 뒤 출시된 프리미엄 짬뽕라면들에 견주어도 손색
없거나 그 이상이었다. 면발은 일반 라면과 같지만, 맛은 프리미엄 짬
뽕라면을 넘어선다. 아직 맛보지 않았다면 자신 있게 권해주고 싶다.

관련 라면 삼양 나가사끼짬뽕

3

한국인의 입맛을 사로잡은 한국의 대표 라면, 김치라면

　일본에 쇼유라멘, 미소라멘, 시오라멘 등이 있듯 우리나라를 상징하는 라면을 언급하자면 어떤 것이 있을까? 우리 고유의 음식인 김치의 맛을 기본으로 한 김치라면이야말로 한국의 라면이라 할 수 있을 것이다. 김치라면은 우리나라를 대표하는 문화적 상징물인 김치를 접합시킨 오리지널 김치라면과, 김치찌개의 느낌을 살린 김치찌개라면으로 나눌 수 있다.

　라면을 먹을 때 김치가 없어서는 안 될 정도로 라면과 김치의 조합은 최고이다. 이러한 맛의 궁합을 공략한 제품이 오리지널 김치라면들이다. 오리지널 김치라면은 동결건조김치를 넣어 만든 제품과, 생김치

를 넣어 만든 제품, 그리고 볶음김치를
넣어 만든 제품으로 나뉜다.

오리지널 김치라면과는 달리, '김치
찌개'의 맛을 라면으로 구현한 제품도
있다. 오리지널 김치라면보다 늦게 출
시된 김치찌개라면들인데, 오모리 김
치찌개라면을 중심으로 시작된 김치찌
개라면은 현재 다양한 종류의 제품이
나와 있어 기호에 따라 골라 먹을 수 있다. 내가 먹어본 오리지널 김치
라면과 김치찌개라면 중에서 가장 맛이 좋았던 제품을 소개하겠다.

농심: 김치 사발면, 김치 큰사발, 큰김치 큰사발
삼양: 김치라면, 김치찌개면, (초이스엘 강레오셰프의 김치찌개라면)
오뚜기: 김치라면, 김치면 컵, 종가집 김치찌개라면
팔도: 김치왕뚜껑, 빅3 볶음김치면, 김치 도시락,
(GS25 오모리 김치찌개라면)

1) 농심 김치 큰사발

출시 1990년 7월 | 매운맛 〰〰〰 | 라면완전정복 평점 3.7

대중적으로 널리 알려진 김치라면

라면업계 선두주자인 농심의 라면들은 대체로 인지도도 높고 인기도 많다. 김치 큰사발의 전신은 현재도 시중에서 쉽게 구할 수 있는 '김치 사발면' 제품이다. 김치 사발면은 1986년 4월에 출시되어 '육개장 사발면'과 함께 서울올림픽 공식 라면으로 지정되었다고 한다. 이후 소비자들의 높은 관심에 힘입어 1990년 농심 김치 큰사발 제품이 출시되었다.

　이 제품은 PC방이나 편의점에서 새우탕 큰사발면, 튀김우동 큰사발면, 육개장 큰사발면 등 농심의 큰사발면 시리즈와 함께 오랜 시간 소비자들의 사랑을 받아왔다. 어릴 적 PC방에서 '김치 큰사발'을 먹으며 게임을 하던 추억이 새록새록 떠오른다.

김치 큰사발은 은은하고 고소한 맛이 특징이다. 김치라면이라고는 하나 김치 향이 그리 진하지 않기 때문에 먹기 부담스럽지 않다. 다른 김치찌개라면이나 최근의 김치라면들과 달리 덜 자극적이어서 맛이 너무 밋밋한 것 아니냐고 비판할 수도 있겠지만, 그만큼 쉽게 질리지 않는다는 장점도 있다. 다만 동결건조김치의 양이 많지 않은 점은 좀 아쉽다. 앞으로 더 풍성하게 리뉴얼되면 좋겠지만, 지금 상태로도 참 괜찮다고 할 만한 제품이라 평하고 싶다. PC방이나 편의점에서 한 번쯤 맛보아도 좋겠다.

2) GS25 오모리 김치찌개라면

출시 2014년 12월 | 매운맛  | 라면완전정복 평점 4.2

짭짤하고 진한 국물 맛이 일품인 김치찌개라면

오모리 김치찌개라면은 GS25에서 숙성 김치의 깊은 맛으로 유명한 맛집 '오모리'와 손잡고 개발한 제품이다. 이 제품은 기존의 오리지널 김치라면과 구별되는 '김치찌개라면'이라는 새로운 장르를 열었는데, 제대로 숙성된 묵은 김치로 만든 찌개의 맛을 기본 콘셉트로 잡았다. 특히 묵은 김치가 들어간 김치찌개 맛을 구현하기 위해 김치원물과 김치찌개 양념을 넣어 만든 김치찌개라면 스프를 별도로 넣었다. 이러한 노력 덕분인지 오모리 김치찌개라면은 출시되자마자 편의점을 애용하는 젊은 층을 중심으로 큰 호평을 받았다. 처음에는 용기면으로만 판매되었으나 인기가 너무 좋아지자 봉지라면으로도 출시되었다.

오모리 김치찌개라면은 팔도에서 생산한 것인데, 팔도에서는 이전부터 볶음김치면과 같은 차별화된 김치라면을 만들고 있었다. 김치라면과 관련하여 쌓아온 이러한 노하우가 있었기 때문에 팔도가 GS25와 함께 선보인 오모리 김치찌개라면은 목표했던 맛을 그대로 구현해 큰 성공을 얻을 수 있었다고 생각한다.

이미 상상하고 있겠지만 오모리 김치찌개라면의 맛을 소개하자면, 기존의 김치라면들과 달리 실제 김치찌개에 라면 사리를 넣어 먹는 듯한 맛이 난다. 김치의 새콤한 향이 은은하게 느껴지는 동시에 짭짤하고 진한 국물 맛이 일품이다. 김치 건더기는 볶음김치 같은데 라면과 아주 잘 어울린다. 봉지면의 경우 햄 등을 넣어 끓이면 부대찌개라면처럼 먹을 수도 있다. 인기도 많고 맛도 좋은 오모리 김치찌개라면을 적극 추천한다.

관련 라면 팔도 빅3 볶음김치면

4

고소한 치즈 향이 한가득,
치즈를 좋아한다면 치즈라면

　호불호가 확 갈리는 라면 장르가 있다. 바로 치즈라면이다. 특유의
느끼한 맛 때문에 치즈를 좋아하는 사람은 이 라면을 정말 좋아하지
만, 치즈를 싫어하는 사람은 치즈라면을 한 번 이상 사먹지 않는다. 치
즈라면은 처음에 제품 수가 적었기도 한 데다 금세 단종되는 경우도 많
았지만, 치즈라면을 찾는 소비자들이 점점 늘어나면서 다양한 제품들
이 쏟아져 나왔다. 국물이 있는 치즈라면과 국물 없이 먹는 치즈라면,
매운 소스 혹은 커리 소스 등과 섞어 만든 하이브리드 치즈라면 등을
들 수 있다. 특히 하이브리드 치즈라면의 경우 섞어 먹는 라면이 유행

하면서 보다 다양한 제품들이 출시되고 있다. 치즈를 좋아하거나 새로운 맛을 즐기고 싶다면 치즈라면의 세계에 한번 빠져보기 바란다.

삼양: 국물자작 치즈커리, 허니치즈볶음면, 치즈 불닭볶음면,
(세븐일레븐 치즈쏙 매운볶음면)

오뚜기: 콕콕콕 치즈볶이, (CU 오다리라면 치즈맛,
세븐일레븐 체다, 까망베르 블루치즈면, GS25 신치즈탕면)

팔도: 비빔면 치즈컵, (CU 임실치즈라면, GS25 매운치즈볶음면)

기타: 닛신 컵누들 치즈커리

1) 오뚜기 콕콕콕 치즈볶이

출시 2009년 4월 | 매운맛  | 라면완전정복 평점 4

치즈 마니아들을 위한 선물, 정통 치즈라면

오뚜기의 콕콕콕 시리즈에는 치즈볶이, 짜장볶이, 스파게티, 라면볶이, 이렇게 4종의 제품이 있다. 이 중에 치즈볶이는 현재 출시되어 있는 치즈라면 가운데 가장 많은 마니아층을 가진 라면이다. 치즈볶이는 치즈라면 중에서도 정통 치즈라면으로 분류할 수 있는데 치즈를 녹여 면에 섞어 먹는 듯한 콘셉트로 만들어진 제품이다. 생각만 해도 느끼하지만, 이 맛을 즐기는 사람들은 느끼함보다 깊은 고소함을 맛본다. 나는 느끼한 음식을 잘 먹지 못할 뿐 아니라 치즈 마니아도 아니지만,

치즈볶이의 깊은 맛 때문인지 가끔씩 먹을 때마다 그 맛에 빠져들곤 한다.

치즈볶이의 인기 비결은 정통 치즈라면이라는 점 이외에 한 가지가 더 있다. 매운라면과 섞어 먹으면 정말 맛있다는 사실. 특히 불닭볶음면과 치즈볶이의 조합이 환상이라는 점은 라면을 좋아하는 사람들이라면 이미 알고 있을 것이다. 일명 '치즈불닭'이라고도 불리는데 이렇게 맛있는 라면 조합이 알려지면서 치즈볶이의 인기는 한층 더 높아졌다. 그리고 '치즈불닭'의 인기 덕분에 라면을 섞은 듯한 맛을 선보이는 제품들이 여럿 등장했다. 대표적인 예가 바로 GS25의 홍석천's 홍라면 매운치즈볶음면과 삼양의 치즈 불닭볶음면, 세븐일레븐의 치즈쏙 매운볶음면 등이다.

그냥 먹어도 진한 치즈 향에 감탄하고, 매콤한 라면과 섞어 먹으면 기대 이상의 환상적인 맛에 감탄하게 되는 치즈볶이, 어떻게 먹어도 만족할 수 있으니 한번 도전해보시라.

관련 라면 세븐일레븐 체다, 까망베르 블루치즈면

2) 삼양 국물자작 치즈커리

출시 2014년 7월 | 매운맛  | 라면완전정복 평점 4.6

카레와 치즈가 만났다. 하이브리드 치즈라면 '국물자작 치즈커리'

앞에서 말했듯 나는 느끼한 음식을 좋아하지 않아서 정통 치즈라면은

잘 먹지 못한다. 그래서 느끼함을 덜어주는 하이브리드 치즈라면을 더

선호한다. 이렇듯 서로 다른 맛을 섞은 다양한 하이브리드 치즈라면들

이 판매되고 있는데 그중에서 내가 소개하려는 제품은 카레와 치즈를

섞은 삼양의 국물자작 치즈커리다.

국물자작 치즈커리는 그냥 먹으면 느끼할 수 있는 치즈에 짭짤하고

살짝 매콤한 맛이 나는 커리가 들어가 치즈의 느끼함을 잡아준다. 모

짜렐라 치즈와 더불어 리뉴얼 후에는 크루통 후
레이크가 들어간 점도 주목할 만하다. 내
입맛에 너무 잘 맞아서 자꾸 먹고 싶어
지는 제품이다. 이것은 일본의 유명한
라면 회사인 '닛신'의 '컵누들 치즈커리'
와 비슷한데, 둘 다 치즈의 느끼함을 커
리로 잘 받쳐주고 있다.

　다만 아쉬운 점이 있었다면, 시중에서 구
하기 어렵고 라면의 양이 적다는 것이다. 앞으로 더
많이 알려져 동네 마트에서도 쉽게 구할 수 있게 되면 좋겠고, 현재 출
시되고 있는 작은 용기면뿐만 아니라 큰컵 용기면도 나왔으면 좋겠다.
꼭 그런 날이 오길 기대하며 치즈라면을 좋아하는 독자들에게 국물자
작 치즈커리를 추천한다.

관련 라면 닛신 컵누들 치즈커리, 오뚜기 카레라면, 삼양 국물자작 라볶이

5

군대에서 핫한 라면이 궁금하다?
군대 인기 라면

대한민국 남성이라면 누구나 한 번씩 다녀오는 군대. 열악한 환경
에서 팍팍한 군 생활의 몇 안 되는 위안거리 중 하나가 바로 PX 이용이
다. PX에서 군인들은 과자, 냉동식품 등 여러 먹거리를 구매하지만,
그중에서도 가장 많이 찾는 것은 역시 라면이다. 저렴한 가격에 배고
픔을 달래주고, 지루한 군 생활에 낙이 되어주는 라면은 군인들에게
인기가 엄청나다. 군대를 다녀온 남성이라면 라면과 관련한 군 생활의
추억 하나 정도는 간직하고 있을 것이다. 여기서는 내가 군 생활을 했
던 당시 인기 있었던 라면들과, 전역 후 라면 특집을 연재하면서 만난

또 다른 수많은 예비역들이 강력 추천한 인기 라면들을 모아 소개하려고 한다. 군대를 다녀온 사람들은 추억을 되살리고 그렇지 않은 사람들은 호기심을 채울 수 있을 것이다.

1) 사천짜파게티

출시 2004년 9월 | 매운맛 🌶🌶🌶 | 라면완전정복 평점 4.2

짜장라면의 느끼함을 잡은 살짝 매콤한 짜파게티

2000년대 중후반에 군 생활을 한 사람은 그 시절 가장 맛있게 먹은 라면으로 사천짜파게티를 꼽는다. 국민 짜장라면인 짜파게티와 달리 사천짜파게티는 일반인들에게 그다지 익숙하지 않다. 사천짜파게티를 간단히 설명하자면, 짜파게티에 매운맛을 더한 제품이라고 할 수 있다. 지금은 단종되어 구할 수 없는 군납 전용 제품인 삼양의 '고추짜장'과 함께 군대에서는 사천짜파게티가 한동안 엄청난 인기를 누렸다. 실제로 사천짜파게티는 2006~2007년 육군 PX에서 가장 많이 팔린 식품류로 선정되었다고 한다. 현재는 군인들의 입맛을 사로잡는 다양한 라면들이 출시되어 인기가 예전만 못하지만, 여전히 군인들 사이에서 좋은 평을 받고 있다.

사천짜파게티는 기존 짜장라면의 맛에 살짝 매콤함을 더한 것으로, 짜파게티에 고춧가루와 고추기름을 넣어 먹는 듯한 맛이 난다. 하지만 살짝 매콤할 뿐 매운맛이 그렇게 강한 것은 아니어서 매운 음식을 못 먹는 사람도 즐길 수 있다. 일반 짜장라면의 느끼함을 덜어준 사천짜파게티는 그렇게 군인들과 일반 소비자들의 입맛을 사로잡았다.

군대에서 사천짜파게티가 더욱 인기가 좋았던 실제 이유 중 하나는 그것을 '뽀글이'로 만들어 먹어도 맛있기 때문이다. 다만 짜파게티와 사천짜파게티를 뽀글이로 만들 때는 분말스프를 섞기 전에 물을 살짝 남겨두어야 하는데, 양 맞추기가 좀 까다롭다. 물 조절을 잘못하면 뽀

글이 제작에 실패하기 때문이다. 그러나 2년 가까운 긴 군 생활은 장병들에게 시행착오를 거치면서 사천짜파게티를 완벽한 뽀글이로 만들어 먹을 수 있는 시간을 제공해주기 때문에 걱정 없다. 잘 만들어진 사천짜파게티 뽀글이의 맛은 '간짬뽕' 뽀글이 라면과 함께 최고의 맛을 자랑한다.

물론 군대와 상관없는 일반 소비자들도 이 매콤한 짜장라면을 상당히 좋아한다. 한번 먹어본 소비자들 중 상당수가 다시 이 제품을 찾는다. 기존의 짜장라면들이 평소 느끼하다고 여겨졌다면 살짝 매콤한 사천짜파게티를 꼭 맛보기 바란다.

관련 라면 농심 짜파게티, 이마트 하바네로 짜장, CU 불타는짜장

2) 삼양 간짬뽕

출시 2007년 7월 | 매운맛 **ブブブ** | 라면완전정복 평점 4.4

뽀글이로 먹으면 더 맛있다, 매콤하고 고소한 볶음짬뽕 라면

사천짜파게티 외에도 군인들의 입맛을 사로잡은 제품
들이 많이 있는데, 그중 하나가 간짬뽕 라면이다.
이 제품은 군대 밖에서는 인지도가 낮은데 신기
하게도 군대 내에서는 모르는 사람이 없을 정도
로 인지도가 높다. 간짬뽕 라면이 군대에서 인기
가 많은 이유는 앞서 소개했던 사천짜파게티와 마
찬가지로 '뽀글이'로 먹기에 가장 적합한 제품이라는

점 때문이다. 이 제품은 사천짜파게티와 달리 스프가 액상이라 뽀글이로 먹을 때 신경 쓰면서까지 물 조절을 할 필요가 없다. 그만큼 제조하기가 상대적으로 쉬우며 뽀글이로 먹을 때 맛이 유별나다. 혹자는 간짬뽕의 경우, 기본 방법으로 조리해서 먹거나 혹은 컵라면으로 먹는 것보다 뽀글이로 먹는 것이 더욱 맛있다고 말하기도 한다. 나도 그 의견에 어느 정도 공감한다. 군대 내에서 간짬뽕의 인기는 지금까지도 계속 이어지고 있다.

일반 소비자들이 군대를 다녀온 예비역의 추천을 받아서 간짬뽕을 먹어본 뒤 감탄하며 이 제품을 찾는 경우도 꽤 많다. 간짬뽕을 아직 만나보지 못한 독자들에게 꼭 한번 맛보길 권한다.

관련 라면 오뚜기 볶음진짬뽕

6

기름에 튀기지 않아 깔끔하다,
건강을 생각한다면 생라면

우리가 먹는 대부분의 라면 면발은 기름에 튀긴 '유탕면'이다. 라면의 면발은 대체로 '팜유'를 이용하여 튀기는데 이 때문에 라면은 포화지방 함량이 높다. 물론 '팜유'의 지방구조 때문에 포화지방이 몸에 흡수되는 비율이 낮다는 연구결과도 있지만, 라면이 가지고 있는 높은 포화지방 함량은 살이 찔까봐 걱정하는 소비자들과 건강을 생각하는 소비자들에게는 고민거리다. 그런 고민을 덜기 위해 기름에 튀기지 않은 면을 사용한 라면들이 속속 출시되고 있다. 주로 풀무원에서 '자연은 맛있다'라는 브랜드를 활용하여 다양한 생라면을 출시하고 있는데

일부 제품은 아주 인기가 좋다. 풀무원 외 다른 라면 회사 제품들 중에서도 잘 알려지지 않은 생라면들이 있다. 이번에는 내가 먹어보았던 생라면 중에서 특히 맛이 좋았던 제품들을 소개하겠다.

기름에 튀기지 않은 생라면(국수라면 제외)

농심 : 야채라면

풀무원 : 꽃게짬뽕, 오징어먹물짜장, 통영굴짬뽕, 꽃새우짬뽕, 고추송송사골, 파송송사골, 육개장칼국수, 생라면 순한맛, 생라면 매운맛

1) 풀무원 꽃게짬뽕

출시 2012년 7월 | 매운맛 🌶🌶🌶 | 라면완전정복 평점 4.2

생라면에 대한 소비자들의 편견을 깬 라면

기름에 튀기지 않은 생라면을 소비자들에게 가장 먼저 선보이고, 생라
면은 맛이 없다는 편견을 깨는 데 가장 큰 역할을 한 라면은 바로 '꽃게
짬뽕'이다. 꽃게짬뽕이 나오기 전에도 다양한 생라면들이 출시되어 소
비자들에게 어필했지만, 수십년간 기존의 유탕면이 쌓아온 맛을 생라
면이 따라잡기는 쉬운 일이 아니었다. 실제로 생라면을 먹어본 소비자
들도 생라면이 유탕면에 비해 맛이 떨어진다는 생각을 갖게 되었다. 그
러나 기존의 유탕면 못지않은 맛을 보여준 꽃게짬뽕이 출시된 후 그런

인식은 단번에 바뀌었다. 꽃게짬뽕의 성공으로 소
비자들은 다양한 생라면 제품들에 눈길을 돌
리게 되었다.

꽃게짬뽕에서는 은은한 꽃게 향이 느
껴지며 국물에서는 진한 짬뽕 맛이 느껴
진다. 하지만 면만 먹을 때는 진한 맛이
느껴지지 않기에 자극적인 맛을 꺼려하는
소비자들도 부담 없이 즐길 수 있다. 게맛살 건
더기스프도 들어 있는데 크기가 작은 것이 좀 아쉬울
뿐 건더기에서 우러나오는 게 맛이 꽤 별미다. 기름기 없는 깔끔한 맛
을 선호하는 소비자와, 건강을 생각하는 소비자들에게 추천하고 싶다.

관련 라면 CU 속초홍게라면, 강호동의 화끈하고 통큰라면

2) 농심 야채라면

출시 2013년 3월 | 매운맛))) | 라면완전정복 평점 4.2

고기가 전혀 들어 있지 않고, 기름에 튀기지 않아 깔끔한 야채라면

'야채라면'이라는 이름은 평범하면서도 낯설다. '야채라면'에 대해 들어봤거나, 혹은 이 제품이 팔리는 것을 본 사람은 있어도 직접 이 라면을 먹어본 사람은 드물다. 야채라면은 7가지 야채가 풍부하다고 소개하고 있다. 그런데 이 제품은 풍부한 야채가 들어갔을 뿐 아니라, 고기를 전혀 넣지 않고 야채로만 맛을 냈다고 한다. 채식주의자들이 매우 선호할 만한 라면이다.

여기서 한 가지 더 눈여겨볼 점은 기름에 튀기지 않은 생면을 사용

했다는 것이다. 이미 시중에 풀무원의 '자연은 맛
있다' 브랜드 제품이 나와 있지만, 농심은 독
자적으로 기름에 튀기지 않은 라면을 내놓
았다. 덕분에 야채라면은 기름기가 없어
깔끔하다. 그리고 유탕면을 사용하지 않
고 고기 없이 야채만으로 맛을 냈는데도 매
콤짭짤한 국물과 함께 부드러운 생면이 잘 어
우러져 맛이 좋았다. 꼭 국수 같은 느낌이었다.

채식주의자뿐만 아니라, 기름에 튀기지 않은 깔끔한 생라면을 선호
하는 분들에게 풀무원의 다양한 생라면들과 함께 농심의 야채라면을
추천한다.

7

간편한 국수가 생각날 땐,
쉽게 만들어 맛있게 즐길 수 있는 국수라면

가끔 국수가 끌릴 때가 있다. 그러나 식당에 가서 국수를 사먹지 않고, 집에서 직접 만들어 먹으려면 매우 귀찮다. 그러한 사람들을 위하여 시중에는 다양한 인스턴트 국수라면 제품들이 출시되어 있다. 사실 국수로 분류할지 국수라면으로 분류해야 할지 고민도 되었지만, 라면 특집을 연재할 때 많은 구독자들이 국수라면으로 분류하고 이에 대해서도 특집을 제작해달라 했던 점을 감안하여 이 항목을 마련해보았다. 국수라면들은 일반 라면 못지않게 소비자들의 관심이 많다. 탄탄한 마니아층이 있는 다양한 국수라면 제품들 중 내가 직접 먹어보고 가장 팬

찮게 생각했던 제품들을 소개하겠다.

농심 : 멸치칼국수, 후루룩국수, 후루룩칼국수

삼양 : 손칼국수, 바지락칼국수, (CU 밥말라 육개장칼국수)

풀무원 : 육개장칼국수

1) 농심 후루룩칼국수

출시 2012년 1월 | 매운맛))) | 라면완전정복 평점 4.4

감칠맛 나는 칼국수를 집에서 간편하게

농심의 '후루룩'은 국수 제품을 인스턴트 라면으로 쉽게 먹을 수 있도록 만든 대표적인 브랜드이다. 후루룩 시리즈로는 잔치국수를 구현한 '후루룩국수'와 닭칼국수를 구현한 '후루룩칼국수'가 있다.

후루룩칼국수는 돈골과 닭을 양념 야채와 함께 진한 육수로 우려내 한국인이 선호하는 칼국수 맛을 구현하고자 했다. 여기에 고추와 후추 등을 넣어서 뒷맛을 칼칼하게 만들었다고 한다. 또한 면은 기름에 튀기지 않은 건면을 활용하여 일반 라면과 달리 더욱 깔끔한 것이 특징이다.

실제로 이 제품을 조리해보았을 때 예쁜 고명 건더기가 먼저 눈에 띄었다. 고기 모양 건더기와, 애호박 등의 야채
건더기들이 국수와 잘 어울렸다. 그리고 처
음 후루룩칼국수를 먹었을 때 이 제품이
내걸고 있는 '개운하고 칼칼한 닭칼국수'
라는 문구가 이해되었다. 면은 칼국수 면
을 잘 구현했으며, 닭고기 향이 나는 칼칼
한 국물이 면과 조화를 이루었다. 전체적으
로 참 잘 만든 제품이라는 생각이 들었다.

　칼국수를 사먹기 위해 집 밖을 나서기 귀찮을 때, 혹은 집
에서 닭칼국수를 직접 만들어 먹기 번거로울 때, 후루룩칼국수는 좋은
대안이 될 것 같다. 문득 닭칼국수가 생각난다면 '후루룩칼국수'를 추
천한다.

관련 라면 농심 후루룩국수, 삼양 손칼국수

2) 풀무원 육개장칼국수

출시 2016년 2월 | 매운맛 ✓✓✓ | 라면완전정복 평점 4.6

기름에 튀기지 않아 깔끔하면서도 얼큰하고 진한 칼국수라면

풀무원에서는 '자연은 맛있다' 브랜드를 통해 소비자들에게 여러 생라면 제품들을 선보였다. 앞에서 소개했던 '꽃게짬뽕' 라면을 시작으로 몇몇 제품이 소비자들에게 사랑을 받았는데, 꽃게짬뽕과 함께 특히 호평을 받은 제품이 바로 '육개장칼국수'다.

육개장칼국수는 기름에 튀기지 않고, 바람에 말린 생라면임을 강조한 제품이다. '자연은 맛있다' 팀은 육개장 맛을 구현한 이 제품을 만들기 위해 전국의 소문난 육개장 맛집을 찾아다녔다고 한다. 수많은 시행착오와 다양한 시도를 거듭한 뒤, 사골과 양지를 전통 가마솥에 넣고 끓이는 방식으로 6시간 우려낸 육수에 풍미유로 얼큰함을 더하는데 성공하였다. 여기에 생라면을 처음 출시할 당시 소비자들이 지적하였듯, 국물과 면이 따로 노는 점을 개선하기 위해 면발 건조 중 면발에 자연스레 구멍이 생기도록 하여 국물이 잘 배도록 했다. 결국 이러한 노력 끝에 지금의 '육개장칼국수'가 탄생하였다.

육개장칼국수는 내가 직접 먹어보기 전, 블로그를 통해 많은 이웃들로부터 강력 추천을 받은 제품이다. 그래서 더욱 기대를 갖고 먹어보았더니 그 맛이 매우 인상적이었는데, 국수라기보다 오히려 얼큰한 짬뽕라면처럼 느껴졌다. 짬뽕라면과 다른 점이라면 해물 향이 아닌 쇠고기 국물을 기반으로 육개장 맛을 냈다는 것인데, 그것도 비유탕면으로 이 정도의 맛을 구현해 냈다는 점이 특이할 만했다. 생면으로 이런 맛을 냈다는 점이 놀라웠던 한편, 앞으로 이렇게 몸에 좋고 맛도 있는 라면들이 더욱 많이 나왔으면 좋겠다고 은근히 바라기도 했다. 국물이 진하고 얼큰해 면을 다 먹고 나서 밥을 말아 먹기도 꽤 괜찮았다. 칼국수라면이라는 작은 카테고리에서만이 아니라 라면을 좋아하는 사람들이라면 모두 하나같이 맛있다고 할 제품이다. 강력 추천한다.

관련 라면 CU 밥말라 육개장칼국수

3) 삼양 바지락칼국수

출시 2005년 3월 | 매운맛 〰〰〰 | 라면완전정복 평점 4

진짜 바지락이 들어 있는 인스턴트 칼국수라면

지금까지 수많은 라면을 먹어보면서 큰 충격을 받았던 경우가 몇 번 있는데, 그중 하나가 바로 이 '바지락칼국수'다. 충격을 받은 이유는 안에 들어 있는 내용물 때문이었다. '바지락칼국수'라고 해서 바지락칼국수의 느낌만 재현했으리라 생각했지, 실제 바지락이 들어 있을 거라고는 전혀 예상하지 못했다. 그러나 착각이었다. 제품 속에는 실제 바지락이 진공포장되어 들어 있었다.

이것은 '진공포장하여 별도로 첨부한 바지락과 홍합, 멸치를 푹 우려 만든 국물 맛이 조화를 이뤄 깔끔하고 시원한 바지락칼국수의 맛을 느낄 수 있는 제품'이라고 홍보하고 있다. 여기서 또 눈에 띄는 것은 조리법이었는데, 다른 제품들과 달리 700ml의 끓는 물에 5분간 끓이도록 되어 있었다. 국물이 많은 국수라면이었다.

조리가 다 되고 나서 보면 이 제품은 다른 국수라면들과 달리 면이 아주 부드럽다. 약간 흐물흐물하다고도 볼 수 있다. 그러나 그 느낌은 매우 이색적이었다. 진짜 바지락이 들어가서 자연스러운 바지락 향이 나는 것도 좋았다. 전체적인 라면 맛은 자극적이지 않으며 깔끔하고 순하다. 인스턴트 국수라면에서 맛볼 수 없었던 특별한 느낌의 칼국수 라면이었다.

다만 아쉬운 게 있다면 시중에서 구하기가 쉽지 않다는 점이다. 나는 이 제품을 오프라인 상점에서 구하지 못해 인터넷을 통해 주문해야 했다. 또 한 가지, 이 제품을 먹어본 몇몇 소비자들이 바지락에서 역한 향이 났다는 제보를 해주기도 했다. 물론 개인적으로 맛있게 먹은 제품이지만, 라면 회사는 이러한 평을 간과하지 말고 '생 바지락'의 신선도 유

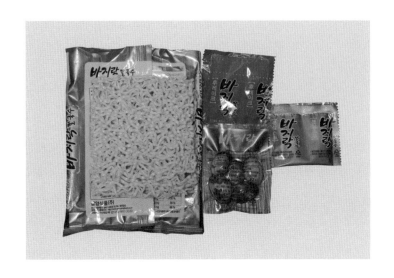

지에 좀 더 신경 써야 할 것이다. 제품에 대한 개선과 원활한 유통을 통해 앞으로 더 많은 소비자들에게 사랑받는 국수라면으로 거듭나기를 바란다.

관련 라면 삼양 손칼국수, 농심 후루룩칼국수

8

따끈따끈한 우동이 끓릴 때,
우동라면

일식이 생각나거나 간편히 먹고 싶을 때 아주 인기 좋은 메뉴가 바로 '우동'이다. 우동은 일본의 대표적인 면 요리인데, 주로 밀가루로 만든 통통한 면을 익힌 후 그 위에 여러 가지 고명을 올려 먹는 것을 통칭한다. 일본 사람들뿐만 아니라 우리나라 사람들도 즐겨 먹는 우동, 소비자들의 이런 취향을 파악하고 우리나라 라면 회사들은 다양한 우동라면 제품들을 만들어냈다.

현재 출시된 우동라면은 '너구리'로 대표되는 빨간 국물 우동라면과 '튀김우동'으로 대표되는 하얀 국물 우동라면 등 크게 두 종류로 나눌

수 있다. 이 두 종류의 우동라면은 서로 다른 맛을 보여주지만, 라면으로 우동의 느낌을 구현하고자 했다는 점에서는 비슷하다. 여기서는 내가 먹어본 우동라면 중에서 소비자들의 평이 가장 좋았을 뿐 아니라 실제로 맛도 좋았던 제품을 소개하려고 한다. 우동라면에 관심이 있다면 참고해두기 바란다.

농심: 튀김우동, 얼큰한 너구리, 순한 너구리
삼양: 유부우동, 포장마차우동 얼큰한맛
오뚜기: 가쓰오 유부우동, 튀김우동, 컵누들 우동맛, 오동통면 얼큰한맛
팔도: 가쓰오 우동 왕뚜껑

1) 농심 얼큰한 너구리

출시 1983년 2월 | 매운맛))))) | 라면완전정복 평점 4.2

시원한 국물이 일품인 베스트셀러 우동라면

"너구리 한 마리 몰고 가세요"라는 광고 문구를 다들 기억할 것이다. 귀에 익은 이 광고로 우리에게 친숙한 너구리 라면은 30년이 넘도록 사랑받아온 베스트셀러 제품이다.

'너구리'는 겨울이면 생각나는 따끈한 우동을, 한국인이 좋아하는 얼큰한 국물과 결합하여 만들었다고 한다. 이 제품이 출시되었던 80년대 초반에는 '우동'이라는 메뉴가 가정에서 즐기기 쉽지 않은 음식이었기 때문에 그 당시 소비자들에게 꽤 혁신적으로 다가왔다. 실제로 출시한 지 두 달 만에 매출이 20억 원을 돌파하였으며, 다음 해에는 150억 원을 넘어섰다고 한다. 현재는 한 해 1,200억 이상의 매출을 올리는 베스트셀러 라면으로 성장했다.

이 제품의 성공에는 '너구리'라는 신선한 이름도 한몫했는데, 그 이름의 유래가 독특하다. 농심에서는 당시 우동라면 상품 기획 과정에서 '사누끼' 지방의 쫄깃한 면발 우동을 모델로 하여 제품을 제작했다고 한다. 그런데 알고 보니 '사누끼'와 비슷한 일본어 '다누끼'가 한국말로 '너구리'였던 것이다. 바로 여기에 착안해 제품 이름을 '너구리'로 지은 것이 결과적으로 이 제품이 성공하는 데 큰 역할을 했다.

우동라면인 너구리에서 눈여겨볼 점은 다시마 건더기스프가 있다는 것이다. 큼직한 다시마 건더기는 너구리의 마스코트다. 면은 다른 라면에 비해 조금 굵은 편이다. 실제로 먹을 때 식감이 일반 라면들보다 오동통하다고 느껴졌고, 덕분에 우동라면의 느낌이 더욱 살았다. 맛은 살짝 얼큰하며 해물 향이 깊게 느껴졌다. 개운한 국물은 면과 조화를 잘 이루어서 먹기에 참 좋았다. 면만 먹어도 맛있고, 국물에 밥을 말아 먹어도 맛있는 너구리, 우동라면이 끌릴 때는 '얼큰한 너구리' 한 사발 추천한다.

• 얼큰한 너구리가 크게 매운 것은 아니지만, 이 외에 순한 너구리 제품도 있다. 매운 음식에 약하다거나, 얼큰한 너구리보다 더욱 깔끔한 우동라면을 원한다면 순한 너구리를 추천한다.

관련 라면 농심 순한 너구리, 오뚜기 오동통면 얼큰한맛,
삼양 포장마차우동 얼큰한맛

2) 농심 튀김우동

출시 1990년 10월 | 매운맛 🌶🌶🌶 | 라면완전정복 평점 4

구수한 국물과 튀김 건더기가 일품인 스테디셀러 튀김우동

'우동라면' 하면 떠오르는 라면은? '너구리'와 함께 우동라면으로 가장 많은 사랑을 받은 제품이 바로 '튀김우동'이다.

튀김우동은 은은한 가쓰오부시 향과 미역 향이 나는 구수한 우동 국물, 그리고 약간은 굵게 느껴지는 면발이 잘 조화를 이룬 제품이다. 거기에 고춧가루가 조금 들어가 있어 살짝 매콤함이 느껴지기도 하는데, 우동의 맛과 아주 잘 어울린다. 또한 튀김우동을 이야기할 때 빼놓을 수 없는 것이 있는데 바로 '튀김 건더기'다. 튀김우동의 마스코트이기도 한 튀김 건더기는 어묵을 튀긴 것이다. 사실 따로 별맛은 없지만 이 큼직한 튀김 건더기는 튀김우동의 맛을 전체적으로 더욱 풍부하게 만드는 역할을 할 뿐 아니라 시각적으로도 푸짐한 인상을 남긴다.

나는 블로그를 운영하고 라면완전정복 특집을 연재하면서 많은 네티즌들이 학창시절에 튀김우동을 맛있게 먹었던 기억이 있다고 쓴 글들을 종종 보았다. 그만큼 오랜 시간 많은 사랑을 받아왔던 튀김우동. 이참에 오랜만에 튀김우동 한 사발 먹어보는 건 어떨까?

• '우동라면' 코너에서 삼양의 '어묵탕면'을 소개하려고 했다. 그러나 2015년 11월에 출시된 어묵탕면은 1년을 넘기지 못하고 단종되었다. 청양고추가 들어가 칼칼한 국물 맛이 일품이었던 어묵탕면이 단종된 사실을 접하고 나는 깊은 아쉬움을 느꼈다. 앞으로 어묵탕면 같은 우동라면 제품들이 꼭 다시 출시되길 소망한다.

관련 라면 오뚜기 튀김우동, 오뚜기 가쓰오 유부우동, 삼양 유부우동, 팔도 가쓰오 우동 왕뚜껑, 농심 큰튀김우동 큰사발

9

여름엔 필수, 겨울에는 별미, 사계절 언제 먹어도 맛있는 비빔면

여러 마니아층이 형성되어 있는 라면 장르 중에 으뜸을 꼽으라면 단연 비빔면을 빼놓을 수 없다. 여름은 비빔면의 계절이라고 할 만큼 여름에 많이 팔리는 계절상품이기도 하지만, 비빔면을 좋아하는 마니아들에게는 사시사철 언제 먹어도 맛있는 라면이다. 지인 중에 집에서 키우는 강아지 이름을 '비빔이'라고 부르는 비빔면 마니아가 있기도 한데, 그 정도로 마니아들에게 비빔면은 단순히 라면 이상의 의미를 지닌 특별한 제품이다.

비빔면은 면을 익힌 후 시원한 물에 헹궈 비빔소스에 비벼 먹는 오리지널 비빔면과, 다양한 소스로 새로운 맛을 보여주는 이색 비빔면으로 크게 나눌 수 있다. 여기서는 시중에 나와 있는 다양한 비빔면들 중나의 입맛에 가장 괜찮았던 제품들을 소개하도록 하겠다.

농심: 찰비빔면, 불고기비빔면, 드레싱누들 오리엔탈소스 맛,
드레싱누들 참깨소스 맛
오뚜기: 메밀비빔면
삼양: 열무비빔면, 쿨 불닭볶음면
팔도: 팔도비빔면, 쫄비빔면

• 비빔면 제품의 경우 계절상품으로 팔리는 경우가 많다. 단종되지 않더라도, 여름 이외의 계절에는 구하기가 쉽지 않을 수 있으니 참고하도록 한다.

1) 팔도비빔면

출시 1984년 6월 | 매운맛 〰〰 | 라면완전정복 평점 4.2

비빔면의 대표주자, 가장 널리 사랑받는 팔도비빔면

우리 국민들 상당수가 '비빔면=팔도비빔면'이라고 생각한다. 라면업계에서 후발주자였던 팔도가 내놓은 비빔면이 어떻게 비빔면 시장을 개척하고, 또 많은 사람들에게 사랑받을 수 있었을까?

80년대 초반 후발주자로 라면업계에 뛰어든 팔도는 기존 라면시장을 점유하고 있던 농심, 삼양 등의 회사와 경쟁해야 하는 상황이었다. 그래서 팔도는 경쟁사와 차별화된 제품을 생산하고자 노력했고, 고민 끝에 액상스프를 사용하기로 한다. 액상스프는 분말스프에 비해 보존성이 떨어지고, 맛을 균일하게 유지하기도 어려웠다. 그러나 팔도에서는 액상소스를 사용함으로써 이미 시장을 선점한 라면 회사들과의 차별화는 물론, 분말스프보다 더 좋은 맛을 낼 수 있다는 데 대한 믿음이 있었다. 그리고 각고의 노력 끝에 처음으로 액상소스를 이용한 라면인 '팔도라면' 제품을 출시했다. '팔도라면'이 좋은 평을 얻자 팔도에서는 전국 유명 맛집을 찾아다니며 비빔냉면과 비빔국수 맛을 연구했고, 결국 이듬해 1984년 6월에 '팔도비빔면'을 출시하여 큰 성과를 거두었다. 처음에는 팔도비빔면을 계절상품으로 출시했으나, 소비자들의 요청이 쇄도하는 등 인기가 높아지자 사계절 꾸준히 생산하는 제품으로 바뀌었다. 그 후 30년간 "오른쪽으로 비비고, 왼쪽으로 비비고~ 팔도비빔면" 등 친숙한 광고와 함께 소바자들에게 그 맛을 인정받으며 우리나라 대표 비빔면으로 자리 잡았다.

팔도비빔면은 매콤한 마늘과 홍고추, 새콤한 사과과즙, 달콤한 양파가 함유된 비빔장과 쫄깃한 면발이 입맛을 당겨준다고 소개하고 있다. 실제로 먹어보니 사과농축과즙에서 살짝 우러나는 사과향의 새콤달콤하며 매콤한 소스가 얇은 면과 잘 조화를 이룬다는 것을 느낄 수 있었다. 달콤한 맛이 느껴지긴 했지만 생각보다 그렇게 달지 않아 먹기에 좋았고, 새콤한 향도 진하지 않고 적당했다. 또한 은은하게 맛을 잘 살려서 그런지 제품에 대한 호불호가 덜 갈리고, 다른 제품에 비해 맛이 질리지 않았다.

이 책을 읽고 있는 독자라면 팔도비빔면을 분명 먹어보았을 테지만, 한동안 비빔면을 먹지 않았다면 30년 전통의 베스트셀러 비빔면인 팔도비빔면을 꼭 다시 한 번 맛보라고 권하고 싶다.

관련 라면 오뚜기 메밀비빔면, 삼양 열무비빔면, 팔도 쫄비빔면, 농심 찰비빔면

2) 오뚜기 메밀비빔면

출시 1993년 3월 | 매운맛 ✍ | 라면완전정복 평점 4

참깨 고명이 들어 있어 보기에도 좋고 맛도 더욱 고소한 비빔면

'비빔면' 하면 대부분 '팔도비빔면' 제품만을 생각하지만, 국내에 출시
되어 있는 비빔면의 종류는 정말 많다. 내가 좋아하는 비빔면의 종류
만 해도 참 다양하지만, 그중에서 한 제품을 소개하려고 한다. 바로 오
뚜기의 대표 비빔면인 '메밀비빔면'이다.

　여기 소개하는 메밀비빔면은 기존에 나와 있던 제품을 2014년에
리뉴얼해서 다시 출시한 것이다. 통참깨와 김가루가 들어 있는 별첨스
프를 추가하고, 액상스프를 개선하였다. 메밀비빔면은 사과과즙이 들

어가 매콤새콤한 맛을 강하게 느낄 수 있다는 것과, 메밀을 사용하여 면발이 매끄럽고 쫄깃하다는 것을 장점으로 내세우고 있다.

실제로 먹어보니 사과과즙으로 새콤한 향을 낸 메밀비빔면은 자극적이지 않고 고소하면서 맛있었다. 맵지도 달지도 않은 편이다. 면은 메밀가루가 들어가서 그런지 다른 비빔면에 비해 좀 더 탄력이 있었다. 그리고 메밀비빔면의 마스코트와도 같은 역할을 하는 참깨 고명스프는 보기에도 참 예쁘지만 비빔면에 고소함까지 더해준다.

메밀비빔면은 팔도비빔면만큼 인지도가 높지 않지만 한번 먹어본 뒤로 계속 이 제품만 찾는 사람들도 꽤 있다. 비빔면으로서 팔도비빔면과는 다른 매력을 가진 메밀비빔면, 아직까지 이 제품을 모르고 있었다면 이번 기회에 꼭 한번 맛보기 바란다.

관련 라면 팔도비빔면. 농심 찰비빔면. 삼양 열무비빔면

10

햄 향이 한가득, 부대찌개만큼 맛있다, 부대찌개라면

짜장라면과 짬뽕라면으로 시작된 라면업계의 신제품 라면 전쟁은 비빔면에서 부대찌개라면으로 이어졌다. 특히 각 회사가 신제품 부대찌개라면들을 출시하기 전까지 소비자가 선택할 수 있는 제품은 많지 않았다. 이미 나와 있던 팔도 놀부 부대찌개라면을 제외하고 다른 부대찌개라면은 찾기 힘들었는데, 최근 등장한 다양한 부대찌개라면은 소비자들에게 기쁜 소식이었다. 여기서는 진짜 부대찌개와 같은 맛을 보여주는 다양한 제품들을 소개하도록 하겠다.

농심: 보글보글 부대찌개면

삼양: (초이스엘 강레오셰프의 부대찌개라면)

오뚜기: 부대찌개라면

팔도: 부대찌개라면, 놀부 부대찌개라면

1) 농심 보글보글 부대찌개면

출시 2016년 7월 | 매운맛  | 라면완전정복 평점 4.4

구수한 사골육수 베이스에 햄 치즈를 녹인 진한 맛의 부대찌개라면 '보글보글 부대찌개면'은 1999년 12월에 출시했던 '보글보글 찌개면' 을 소비자의 입맛에 맞게 재조정하여 내놓은 제품이다. 보글보글 찌개 면은 건조소시지, 건조야채 등이 들어 있으면서 얼큰한 부대찌개 맛을 내는 라면이었는데, 호불호가 좀 갈렸다고 한다. 그래서 단종이 되었 는데 그러고 난 뒤 소비자들로부터 왜 생산을 안 하는지에 대한 문의가 가장 많이 들어왔고 재생산 요청도 가장 많았다고 한다. 하여 고심 끝 에 예전 보글보글 찌개면의 맛을 보완해 보글보글 부대찌개면으로 재 생산했는데 출시 4개월 만에 매출 300억 원을 넘어서며 소비자들에게

큰 인기를 끌었다.

보글보글 부대찌개면은 사골육수에 햄, 치즈를 녹여 깊고 진한 맛의 부대찌개 국물을 구현하였으며 소시지, 어묵, 김치, 파, 고추 등의 다양한 부대찌개 건더기가 들어 있다고 소개하고 있다.

실제로 먹어보니 짭짤하고 자극적인 부대찌개라면의 맛을 전체적으로 잘 구현한 듯했다. 사골육수를 기반으로 한 국물은 꽤 구수했고, 구수함과 동시에 진한 맛이 일품이었다. 국물에 밥을 말아 먹기도 좋았다. 김치찌개 향도 나는데, 김치가 살짝 들어간 김치부대찌개 느낌이라고 말할 수도 있겠다. 햄 건더기는 두 종류가 있는데 동그란 햄보다 길쭉한 햄이 맛도 더 풍부하고 좋았다. 내가 먹어본 부대찌개라면들 중 매우 만족스러운 제품이었다.

찌개에 면을 넣어 맛있게 먹었던 경험이 있거나, 진한 햄 향이 나는 부대찌개라면을 원한다면 이 제품을 추천한다.

관련 라면 오뚜기 부대찌개라면, 팔도 부대찌개라면

2) 팔도 부대찌개라면

출시 2016년 9월 | 매운맛 🔥🔥🔥 | 라면완전정복 평점 4.4

진한 햄 풍미가 일품인 팔도의 송탄식 부대찌개라면 2탄

팔도는 2011년부터 '놀부' 브랜드와 함께 '놀부 부대찌개라면'이라는 제품을 출시해 그 당시부터 소비자들에게 좋은 평을 받았다. 그러나 농심에서 나온 '보글보글 부대찌개면'과 오뚜기의 '부대찌개라면'이 소비자들에게 큰 인기를 얻으면서 엄청나게 팔려나가자, 팔도는 기존의 '놀부 부대찌개라면'으로 일찍이 검증된 기술을 이용해 새로운 부대찌개라면 제품을 출시했다.

팔도 부대찌개라면은 진한 햄 풍미가 일품인 송탄식 부대찌개의 맛을 구현한 두 번째 제품이라고 자체적으로 소개하고 있다. 이 제품에는 부대찌개라면의 맛을 살려주는 숙성양념장이 들어가 있는데 고춧가루, 마늘, 양파 등의 양념을 저온에서 숙성하여 만들었다고 한다. 이 숙성양념장을 통해 원물이 가진 그대로의 맛을 어느 정도 유지할 수 있다는 것이 팔도에서 내세우는 장점이다.

실제로 먹어보니 말 그대로 진한 햄 풍미가 일품이었다. 향미유 덕분에 향이 진하게 느껴졌는데 스팸 향과 불향이 부대찌개라면과 아주 잘 어울렸다. 국물에서도 김치찌개 향과 부대찌개 향을 동시에 느낄 수 있었는데 짭짤하면서 매우 얼큰했다. 동일한 시기에 출시된 타사의 부대찌개라면과 비교했을 때 더욱 매콤하다는 것을 알 수 있었다.

사실 부대찌개라면은 종류별로 다 맛이 좋아서 어느 제품이 더 낫다고 딱 잘라 말하기 어렵다. 하지만 보다 얼큰하고 진한 햄 풍미를 가진 부대찌개라면을 원한다면 팔도 부대찌개라면을 추천하고 싶다.

관련 라면 농심 보글보글 부대찌개면. 오뚜기 부대찌개라면. 팔도 놀부 부대찌개라면

11

화끈한 매운맛이 끌릴 때,
스트레스를 확 날려주는 얼큰한 매운라면

외국 라면과 구별되는 한국 라면만의 특징을 말할 때 빠질 수 없는 것이 바로 매운맛이다. 우리나라의 라면들은 외국 라면들에 비해 일반적으로 매운 편이다. 매운 음식을 즐겨 먹는 우리나라 사람들의 입맛이 라면 개발에 영향을 미쳤기 때문이다.

느끼한 것을 먹고 난 후, 혹은 스트레스를 많이 받아서 화끈한 매운맛이 끌릴 때, 언제 어디서든 쉽게 접할 수 있는 매운라면! 우리나라에는 베스트셀러 '신辛라면'을 비롯하여 여러 종류의 매운라면이 있다. 얼큰한 맛을 좋아하는 소비자층은 물론 '불닭볶음면'같이 매우 강렬한 매운맛을 선호하는 마니아층도 있다.

　나 역시 매운 음식을 상당히 좋아하여 매운라면을 즐겨 먹는데 지금까지 먹어본 매운라면 가운데 정말 화끈하게 매웠던 제품들과, 맛있게 매콤했던 제품들을 소개하겠다.

　농심: 신라면, 진짜진짜라면

　오뚜기: 열라면, 열떡볶이면, (CU 청양고추라면)

　삼양: 불닭볶음면, 불닭볶음탕면, 치즈 불닭볶음면,

　(이마트 하바네로라면)

　팔도: 틈새라면, 맵시면, (GS25 공화춘 아주매운짬뽕,

　GS25 홍석천's 홍라면 매운치즈볶음면, 매운해물볶음면)

1) 농심 신라면

출시 1986년 10월 | 매운맛 〉〉〉 | 라면완전정 복 평점 4

매운라면 시대를 최초로 연 우리나라 최고의 베스트셀러 라면

라면을 좋아하거나, 좋아하지 않거나 다들 한 번쯤은 먹어보았을 신라면! 86년 출시된 이래로 280억 개가 팔린 우리나라 최고의 베스트셀러 라면이다. 라면시장에서 농심의 독주를 몰고와 80년대 농심 라면 제품군의 선두에 선 신라면은 얼큰한 맛을 선호하는 우리나라 국민들의 입맛을 반영하여 제작되었다. 이름 자체에 매울 '신辛' 자를 넣은 이유를 증명하려는 듯 본연의 매운맛을 강조한 제품이다. 신라면의 흥행 대박은 또 다른 경쟁사들에서 매운라면 제품을 출시하는 데 영향을 미쳤

다. 물론 신라면만큼 흥행하진 못했는데, 최근 다양한 맛을 선보이는 신제품들이 나와 소비자의 입맛을 사로잡기 전까지 '라면=신라면'이라고 생각할 정도로 많은 사람들이 신라면을 즐겼다.

　이 책을 읽고 있는 독자라면 신라면의 맛에 대해 익히 잘 알고 있을 것이다. 쇠고기 국물을 기반으로 얼큰함과 구수함을 맛보이는 신라면의 가장 큰 강점은 오랫동안 자주 먹어도 질리지 않는 데 있지 않나 싶다. 질리지 않는 맛을 가졌다는 것은 긴 시간 인기를 유지하는 비결일 수밖에 없다. 그리고 바로 그 공식을 신라면이 가장 잘 갖췄다고 생각한다.

신라면은 봉지면과 작은 컵라면, 큰사발면, 이렇게 세 종류가 출시되어 있는데 각각 맛이 다르다. 물론 다른 라면 제품도 그런 경우가 많지만, 가장 많은 사람들이 즐겨 찾는 신라면이 종류별로 각각 맛에 차이가 난다는 것을 잘 모르는 소비자들이 의외로 많다. 라면 리뷰를 하다 보니 실제로 개개인의 기호에 따라 세 종류의 신라면에 대한 선호도가 달랐고 나도 그 차이를 확연히 느꼈다. 신라면을 정말 좋아하는 사람이라면 기호에 따라 세 가지 신라면 중 자신의 입맛에 가장 잘 맞는 제품이 무엇인지 알아보는 것도 쏠쏠한 재미가 아닐까 한다.

관련 라면 농심 신라면 블랙, 오뚜기 열라면, 팔도 맵시면

2) 삼양 불닭볶음면

출시 2012년 4월 | 매운맛 ✔✔✔✔ | 라면완전정복 평점 4.6

매운맛 마니아들의 마음을 확 사로잡은 마성의 불닭볶음면

2012년 4월 라면시장에 하나의 큰 이슈를 몰고 온 제품이 출시되었다. 매운맛 마니아들에게는 신이 내려준 선물 같은 라면, 바로 '불닭볶음면'이다. 매운맛 마니아들은 물론이고, 매운 음식을 잘 먹지 못하는 사람들까지 땀을 뻘뻘 흘려가며 즐길 정도로 불닭볶음면은 현재 국내외에서 아주 인기가 좋은 라면으로 자리잡았다.

불닭볶음면은 국물 라면이 대세를 이루던 2011년, 삼양식품의 김정수 사장님이 명동길을 지나던 중 매운 불닭 음식점에 사람들이 붐비는 것을 보고 영감을 얻어 '매운맛, 닭, 볶음면' 의 세 가지 모티브로 개발하기 시작했다고 한다. 그리고 마케팅 부서와 연구소 직원들의 밤낮없는 노력 끝에 지금의 불닭볶음면이 나오게 되었다.

불닭볶음면을 먹는 모습을 지켜보는 것도 참 재밌다. 특히 매운 음식을 잘 못 먹는 사람들이 이 제품을 먹을 때가 압권인데, 매운 음식에 약한 지인들이 불닭볶음면에 도전한다면서 땀을 뻘뻘 흘리고, 벌컥벌컥 물을 들이켜고 펄쩍펄쩍 뛰는 모습을 여러 번 본 적이 있다. 그럴 때마다 매운맛에 여러가지 모습으로 변화하는 사람의 표정이 신기하고 재밌었다. 그런데 실제로 이러한 경험은 다른 많은 소비자들도 공감하는 것 같다. SNS를 중심으로 불닭볶음면에 대한 리뷰가 엄청나게 많이 생산되면서 불닭볶음면에 도전해보는 것이 하나의 재미거리가 되기도 했다. 제품이 가진 이러한 화제성 때문에 불닭볶음면은 국내와 해외에서 많은 인기를 얻고 있다.

나 역시 '불닭볶음면 마니아' 중 한 사람인데, 처음 불닭볶음면을 먹었을 때를 잊지 못한다. 입이 너무 얼얼했지만 그 강렬한 매운맛에 금

세 매료되었다. 그 이후로도 불닭볶음면만 최소 100번 이상 먹었는데, 가면 갈수록 점점 매운맛에 익숙해지는지 덜 맵게 느껴졌다.

불닭볶음면은 매콤한 닭고기 향과 은은하게 느껴지는 카레 향을 기본으로 하고 있다. 그러나 너무 매워서 정신이 없을 정도라면 매콤하고 은은한 그 향들을 즐기기 어려울 것이다. 나도 처음에는 매운맛 때문에 다른 향을 느끼지 못했다. 하지만 여러 번 먹다 보면 매운맛 외에도 특유의 향과 고소함까지 느낄 수 있다.

한 가지 덧붙이자면 불닭볶음면은 볶아 먹을 때, 소스를 비벼 먹을 때, 컵라면으로 먹을 때, 뽀글이로 만들어 먹을 때 맛이 각각 다르다. 또한 짜장라면과 섞어 먹을 때, 치즈라면과 섞어 먹을 때 맛이 상당히 좋다. 치즈, 참치, 소시지 등을 얹어 먹거나 삼각김밥과 같이 먹어도 훌륭하다. 불닭볶음면을 좋아한다면 이런 내용들을 참고 삼아 가장 입맛에 잘 맞는 방법으로 즐겨보기 바란다.

관련 라면 삼양 치즈 불닭볶음면, 삼양 쿨 불닭볶음면, 삼양 불닭볶음탕면

12

편의점 라면 얼마나 먹어봤나?
편의점에서만 파는 편의점 PB라면

요즘은 국내 어디를 가든 유명 프랜차이즈 편의점을 쉽게 볼 수 있다. 도심은 물론, 한적한 시골이나 관광지에서도 편의점이 눈에 띈다. 편의점에서는 다른 대형마트나 슈퍼마켓과의 차별화를 보여주기 위해 자신의 프랜차이즈 편의점에서만 취급하는 자체 브랜드 상품인 'PB제품'을 팔고 있다. 여러 PB제품 가운데 특히 몇몇 PB라면은 큰 인기를 얻고 있는데 PB라면에 매료된 소비자들은 그 제품을 구하기 위해 일부러 특정 편의점을 찾아가기도 한다.

PB제품의 경우 라면 회사에서 제품을 만들어 특정 편의점에서만

팔 수 있도록 납품을 하는데, 예전까지만 해도 내가 리뷰하면서 본 PB 라면들 중 상당수가 팔도 제품이었다. 그러나 지금은 오뚜기와 삼양에서도 적극적으로 편의점 PB제품을 출시하고 있으며, 후발주자인 농심도 최근 관심을 가지고 편의점 PB라면 쪽으로 제품을 출시하고 있다. PB라면 중 입맛에 꼭 맞는 제품이 있다면 동네 편의점을 찾아 다시 한번 그 맛을 만나보기 바란다. 여기서는 각 편의점 PB라면 중 내가 맛있다고 느꼈던 제품과, 소비자들 사이에서 평이 상당히 좋았던 제품을 소개하겠다.

GS25 : 공화춘 삼선짬뽕, 공화춘 아주매운짬뽕, 공화춘 짜장,
오모리 김치찌개라면, 홍석천's 홍라면 매운치즈볶음면,
홍석천's 홍라면 매운해물볶음면, 치즈신탕면
CU : 속초홍게라면, 임실치즈라면, 청양고추라면, 통영굴매생이라면,
해물된장라면, 밥말라 부대찌개라면, 밥말라 계란콩나물라면,
밥말라 육개장칼국수, 종가집 김치찌개라면, 오다리라면 치즈맛
세븐일레븐 : 교동반점 짬뽕, 교동반점 직화짬뽕, 치즈쏙 매운볶음면,
라땡면 치즈라면, 동원참치라면, 고추참치라면,
강레오셰프의 김치찌개라면, 강레오셰프의 부대찌개라면

＊ 앞서 소개한 공화춘 삼선짬뽕, 아주매운짬뽕, 오모리 김치찌개라면은 중복되기에 다시 소개하지 않겠다.

1) GS25 홍석천's 홍라면 매운치즈볶음면

출시 2014년 9월 | 매운맛 🌶🌶🌶 | 라면완전정복 평점 4.4

'홍석천' 씨가 제작에 참여한 매콤한 소스와 고소한 치즈가
잘 어울리는 매운치즈볶음면

방송인 홍석천 씨의 이름을 걸고 출시해서 많은 관심을 받았던 제품으로, 그가 운영하는 식당 '마이홍'의 인기메뉴인 '홍라면'을 모델로 제작했다고 한다. 화끈한 볶음면을 모델로 한 이 제품은 실제 제작 과정에

서 홍석천 씨가 개발에 참여했는데, 출시 이후 얼마 지나지 않아 소비자들에게 아주 좋은 평을 받았을 뿐 아니라 현재까지도 잘 팔리고 있다.

이 제품은 매운 볶음면이지만, 고소한 분말치즈스프를 넣어 매운맛에 고소함을 더했다. 이러한 맛의 콘셉트는 소비자들에게 이미 익숙하다. 삼양의 불닭볶음면 열풍 속에서 소비자들은 매운 볶음면과 치즈의 조합이 얼마나 좋은지 알고 있었지만, 그 두 가지를 한 번에 충족시켜 주는 제품은 아직 시장에 없었다. 소비자들은 이런 제품이 출시되기를 기다리고 있었던 것이다. '홍라면 매운치즈볶음면'이 그런 소비자들의 요구를 제대로 읽었고, 그 덕에 큰 인기를 얻었다.

맛을 살펴보자면, 불닭볶음면과 치즈를 섞은 맛하고는 확실히 다르다. 삼양에서 제작한 불닭볶음면과 달리 매운치즈볶음면은 살짝 해물향이 느껴진다. 이는 지금은 단종되어버린 팔도의 매운라면 '불낙볶음면'의 소스를 연상시키기도 했다. 다만 고소한 치즈 향이 더해져 맛이 참 좋았고, 기존의 매운볶음면과 치즈 혹은 치즈라면을 섞어 먹던 소비자들의 입맛을 어느 정도 만족시켜주었다. 나 또한 개인적으로 불닭볶음면과 치즈 혹은 치즈라면을 섞어 먹는 것이 매운치즈볶음면보다는 조금 더 맛있게 느껴졌지만, 홍라면 매운치즈볶음면만의 새로운 맛도 많이 추천하고 있다.

매운치즈볶음면의 성공은 후에 비슷한 라면들이 출시되는 데 많은 영향을 미쳤다고 본다. 삼양의 '치즈 불닭볶음면'과 세븐일레븐의 '치즈쏙 매운볶음면'이 그 대표적인 예인데, 두 제품 모두 비슷한 콘셉트에 맛도 훌륭하다. 편의점 라면에 관심이 있다면 권해보고 싶다. 홍라면 매운치즈볶음면은 GS25 편의점과 GS I 슈퍼마켓에서만 구할 수 있으니 참고하기 바란다.

관련 라면 홍석천's 홍라면 매운해물볶음면, 삼양 치즈 불닭볶음면, 세븐일레븐 치즈쏙 매운볶음면

2) CU 속초홍게라면

출시 2015년 6월 | 매운맛  | 라면완전정복 평점 3.8

속초의 명물 홍게에서 추출한 액상소스로 맛을 낸 해물라면

CU 편의점에서는 2015년 지역의 대표 식재료를 활용한 컵라면 제품들을 출시했다. 임실치즈라면, 속초홍게라면, 청양고추라면, 통영굴매생이라면 등 4종이다. 나는 이 4종의 라면을 모두 먹어보고 제품들을 비교해보았는데, 그중에서도 가장 맛이 뛰어나고 인상 깊었던 것은 속초홍게라면이었다.

이 제품은 '속초의 명물인 홍게를 청정 동해에서 잡아올려 추출한 엑기스로 맛을 낸 깊고 진한 매운맛의 해물라면'이라고 소개하고 있다. 실제로 먹어보면 은은한 홍게 향과 오징어 향을 기본으로 한 해물 향이 인상적이다. 짭짤하면서 얼큰한 국물이 해물 향과 잘 어울리는데 매운라면은 아니다. 더불어 살짝 불향도 나는데 진하지는 않다. 또한 게맛살 건더기가 제품에 따라 1~3개 정도 들어 있다. 게맛살 맛이긴 한데 크기가 작아 조금 아쉬웠지만 대체로 만족스럽게 먹을 수 있는 제품이다.

속초홍게라면은 팔도에서 제작하여 CU 편의점으로 납품을 하는데, 팔도의 해물라면 기술이 들어가서 그런지 꽤 잘 만든 것 같다. 평소 해물라면을 좋아한다면 CU 편의점의 속초홍게라면을 꼭 한번 맛보기 바란다.

관련 라면 CU 임실치즈라면, CU 굴매생이라면, CU 청양고추라면, 풀무원 꽃게짬뽕

3) CU 밥말라 계란콩나물라면

출시 2016년 5월 | 매운맛 🌶🌶🌶 | 라면완전정복 평점 3.8

콩나물이 들어간 해장라면을 원한다면 밥말라 계란콩나물라면

CU 편의점의 밥말라 라면 시리즈는 '밥'을 '말'아먹기에 좋은 '라'면이라는 데서 이름을 따왔다. 이 시리즈는 국물에 밥을 말아먹는 것을 즐기는 한국인의 식습관에 맞춘 제품들로 구성되어 있으며, 2015년 4월 밥말라 부대찌개라면을 시작으로 계란콩나물라면, 육개장칼국수 등을 출시했다. 내가 먹어본 3종의 밥말라 라면 중에서 가장 인상 깊었던 제품은 밥말라 계란콩나물라면이다.

이 제품이 가장 인상 깊었던 것은 라면에 진짜 콩나물이 들어가 있었기 때문이다. 적은 양이 좀 아쉬웠지만, 진짜 콩나물이 들어가 있다는 점 자체는 놀라웠으며, 라면에서 콩나물의 향이 은은하게 나는 것도 좋았다. 달걀이 약간 들어가서 그 향도 조금 나는데 전체적으로 고소한 맛이 주를 이루었고, 살짝 매콤하면서 간장 향이 나는 국물 맛이 참 좋았다. 굳이 밥을 말아 먹지 않고 그냥 국물만 마셔도 괜찮다. 편의점에서 구할 수 있는 해장라면으로 제격이라고 생각했는데 다만 가격이 좀 비싸다는 면에서 아쉬움이 있었다. 제품의 가격이 합리적인 선에서 지금보다 내려가면 좋겠다는 생각을 해보았다.

관련 라면 CU 밥말라 부대찌개라면, CU 밥말라 육개장칼국수, 농심 콩나물뚝배기

4) 세븐일레븐 강릉 교동반점 짬뽕

출시 2014년 10월 | 매운맛 ♨♨♨ | 라면완전정복 평점 4.3

짬뽕 맛집인 '강릉 교동반점'의 매운짬뽕 맛을 구현한 제품

짬뽕으로 유명한 강릉 교동반점의 인기 메뉴를 구현하여 만든 제품이다. 교동반점 특유의 매운맛을 재현하기 위해 후추 맛 분말스프를 개발하고, 짬뽕 조미유를 별첨하였는데, 안에 포함되어 있는 해물 건더기 블록이 매우 인상적이었다.

실제 강릉의 교동반점 짬뽕처럼 이 라면도 제법 매웠다. 처음에는 괜찮다가 먹다 보면 청양고추 향과 얼큰한 불향이 보태져 화끈함을 느낄 수 있다. 그 외에 건새우 같은 해물 건더기와 고추, 파 등의 야채 건더기가 식감을 더해주면서 짬뽕의 맛을 살렸다. 매운 짬뽕라면을 원한다면 아주 만족할 수 있는 제품이다. 맵고 얼큰한 국물에 밥을 말아 먹기도 참 좋다. 꽤 맵기 때문에 매운 음식에 약하다면 추천하지 않는다. 하지만 매운맛을 즐기는 쪽이라면 반드시 맛보기를 권한다.

관련 라면 세븐일레븐 교동반점 직화짬뽕, GS25 공화춘 아주매운짬뽕

5) 세븐일레븐 순창고추장찌개라면

출시 2016년 11월 | 매운맛 🌶🌶🌶 | 라면완전정복 평점 4.4

전자레인지로 조리해 만드는 '순창고추장찌개라면'

세븐일레븐 편의점에서 '한국인의 입맛을 반영한 한식 라면'이라는 콘
셉트로 개발한 제품이다. 찌개라면이 더욱 관심을 끌고 있는 사회 분
위기를 반영하여, 고추장소스와 4.3mm의 넓은 면발을 활용해 찌개
느낌이 확 사는 라면을 선보였다. 고추장소스로 전라북도 순창 고추장
을 사용한 것도 인상적이다.

　더불어 이 제품의 매력 포인트로 전자레인지를 이용하여 조리할 수
있다는 점을 꼽고 싶다. 시중에 출시된 용기면 상당수가 '전자레인지 이
용불가' 제품인 데 반해, 순창고추장찌개라면은 전자레인지를 이용해

조리할 수 있게 제작되었다. 그러다 보니 면은 더욱 부드럽게 느껴졌다.

꼭 국수를 먹는 듯한 느낌이었다. 얼큰하게 고추장의 향이 나면서 장칼국수를 떠올리게 하는 이 제품은 면 맛도 좋았을뿐더러 쇠고기 맛을 바탕으로 한 국물도 짭짤하고 얼큰하여 밥을 말아 먹기에 적합했다. 고추장 향이 진한 찌개 느낌의 라면을 원한다면 순창고추장찌개라면을 추천한다.

라면 맛있게 먹는 팁

1

라면 맛있게 끓이는 방법

라면 리뷰를 하면서 가장 많이 받는 질문 가운데 하나가 바로 라면을 맛있게 끓이는 방법에 대한 것이다. 물론 자신만의 노하우를 가지고 있는 분들도 많을 것이다. 여기서는 내가 다양한 라면을 직접 끓여먹어보면서 각각의 라면 맛을 가장 잘 살릴 수 있었던 몇 가지 원칙과 방법에 대해 소개해보도록 하겠다.

권장 조리법대로 만들기

라면을 맛있게 끓이는 최고의 방법은 뭐니뭐니해도 라면 회사에서 제공해주는 권장 조리법을 따르는 것이다. 일부 소비자들은 잘 눈여겨보지 않지만, 라면마다 어김없이 그 제품만의 고유한 조리법이 존재한다. 대체로 비슷하기는 하지만, 각기 제조 방법상의 차이가 있기 마련이다. 그 차이를 무시하고 대충 끓이면, 어떤 라면은 다행히 맛을 유지할 수도 있겠지만, 어떤 라면은 본연의 맛을 완전히 잃을 수도 있다. 그렇다면 권장 조리법에서는 어떤 부분을 꼭 체크해야 하는지, 권장 조리법 외에 또 어떤 부분이 중요한지 살펴보겠다.

1) 물의 양

용기면 같은 경우에는 뜨거운 물을 붓는 선이 표시되어 있어 조리할 때 큰 어려움이 없지만, 끓여 먹는 봉지면의 경우에는 직접 물 양을 측정해야 한다. 봉지면의 경우 대부분이 눈대중으로 대충 물을 맞추어 끓이는데, 그다지 좋은 방법이 아니다. 제품에 따라 권장하는 물의 양이 450~550ml로 다양하게 나뉘고, 일부 칼국수라면의 경우에는 700ml까지 넣어야 하는 경우도 있는데, 대충 해서는 이 물의 양을 제대로 맞출 수 없다. 계량컵을 이용하면 좋겠지만, 여의치 않을 경우에는 눈금이 표시된 물통을 이용해서라도 반드시 물의 양을 맞춰주는 것이 중요하다. 50ml 차이가 뭐 그리 중요하겠느냐 반문할지도 모르겠지만, 내가 경험한 바로는, 권장 물의 양을 50ml 더 넣거나 덜 넣을 경우 라면의 전체적인 맛이 변한다. 더 짜고 자극적으로 변하거나 혹은 더 싱거워지고 순해져서 라면 회사가 힘들게 만들어 선보이는 맛을 못 느끼게 되는 것이다. 의도적으로 라면 본연의 맛을 바꾸고 싶은 경우가 아니라면 물의 양을 꼭 맞춰서 끓이기를 권장한다.

국물 라면 외에 볶음면이나 짜장라면, 비빔면 등을 조리할 때도 물의 양을 맞춰주는 것이 좋다. 제품에 따라 물을 다 빼고 소스를 넣어 조리하라고 나와 있는 경우도 있고, 물의 양을 어느 정도 남기고 스프나 소스를 넣어 비벼 먹거나 볶아 먹으라고 나와 있는 경우도 있다. 조리할 때 이러한 권장 조리법을 꼭 확인하기 바란다.

2) 시간

끓이는 시간도 물의 양을 지키는 것만큼 중요하다. 물론 기호에 따라 덜 익힌 면을 선호하거나 푹 익힌 면을 선호할 수도 있지만, 내가 경험한 바로는 역시 너무 익혀서 불게 된 면이나, 덜 익혀 거친 식감을 주는 면보다는 제대로 익혀 부드럽고 탄력 있는 면일 때 가장 맛있었다.

조리법

끓는 물 **500ml**에 면, 분말스프,
건더기 스프를 함께 넣고
3분30초정도 끓이시면 **남자라면**의
알싸하고 시원한 맛을 즐기실 수
있습니다.
기호에 따라 파, 마늘슬라이스를
첨가해 드시면 더욱 맛있습니다.

※나트륨(식염 등) 섭취를 조절하기
위하여 기호에 따라 적정량의 스프를 넣어 드십시오.

3분 30초

열라면 조리방법

① **물 500ml** (큰컵으로
2컵과 1/2컵)에
건더기스프를 넣고
물을 끓인 후

② 분말스프를 넣고
그리고 면을 넣은 후,
4분간 더 끓입니다.

③ 분말스프는 식성에 따라
적당량 넣어 주시고,
김치, 파, 계란 등을 곁들여
드시면 더욱 맛이 좋습니다.

조 리 법

①물 550 ml(3컵정도)를
끓인 후 면과 분말스프,
후레이크를 같이 넣고
4분 30초간 더 끓입니다.
②불을 끄고 후첨양념을
넣어 잘 저어 드시면
됩니다.

※ 후첨양념은 다 끓인 후
마지막에 꼭 넣어 드세요.

조리법

①냄비에 물 500 ml을
넣고 끓인후, 면과
양념분말을 넣고
3분간 더 끓입니다.

②불을 끄고 건더기별첨을
넣고 잘 저은 뒤
그릇에 담어서 드십시오.

라면을 익히는 시간 또한 제품에 따라 다르다. 면이 얇을 경우 끓는 물에 2분 정도 익히도록 권장하지만, 면이 굵을 경우에는 5분 동안 익히는 것이 좋다고 조리법에 나와 있기도 하다. 물론 물의 온도와 화력에 따라 시간을 약간 조정할 수 있지만, 라면을 맛있게 끓이는 방법을 묻는다면 제품마다 각각 다른 권장 조리 시간을 최대한 지키라고 말하겠다. 이 원칙은 용기면에도 적용되는데, 용기면에 뜨거운 물을 붓고 권장 시간대로만 익히면 맛있게 먹을 수 있다.

3) 화력

화력 또한 라면의 맛에 영향을 미친다. 웬만한 화력을 지닌 가스레인지나 버너를 사용할 경우 괜찮지만, 화력이 약한 불 혹은 라면포트나 핫플레이트 등을 사용할 경우 라면의 맛이 떨어진다. 실제로 가스불보다 화력이 약한 라면포트를 이용하여 끓였더니 라면이 가진 고유의 맛이 살아나지 않는 것이 느껴졌다. 면 자체의 탄력이 줄었고, 고온에서 가열이 되지 않아 그런지 권장 조리 시간만큼 익혔는데도 맛이 별로였다. 라면을 끓여 먹을 때는 가능하다면 화력이 좋은 가스레인지 이용을 권장한다.

2

라면을 간편하게 먹는 또 하나의 방법,
뽀글이

봉지라면을 간편하게 먹을 수 있는 방법이 있을까? 기숙사, 군대 등 조리기구가 없는 특별한 상황에서 봉지라면을 조리해 먹기 위해 고안된 방법이 있다. 군대 관련 예능 프로그램에서도 종종 소개되는 '뽀글이'다. 뽀글이를 만드는 방법은 상당히 쉬워 보이지만, 생각보다 까다롭다. 실제로 몇 번 실패를 거듭한 후에야 뽀글이 제작 과정에 익숙해진다. 뽀글이에 관심이 있는 독자들을 위해 이번엔 뽀글이 만드는

방법과 팁을 알려주고자 한다.

먼저 간단한 준비물이 필요하다. 뽀글이를 해 먹을 봉지라면과 나무젓가락 그리고 뜨거운 물만 있으면 된다. 뜨거운 물의 경우 정수기를 이용하거나 커피포트 같은 것을 이용해도 좋다. 라면 봉지를 묶어두는 용도로 나무젓가락 대신 고무줄이나 집게를 이용할 수도 있다. 여기서는 나무젓가락을 사용해 만드는 방법을 설명하도록 하겠다.

① 먼저 봉지면을 뜯기 전에 봉지 안의 면을 사등분해준다.
② 면을 사등분한 뒤 봉지를 뜯는데, 사진처럼 입구 부분을 벌릴 수 있도록 뜯어주어야 한다.
③ 그다음 건더기스프와 분말스프를 넣어준다. 이때 혹시 짤까봐 분말스프를 적게 넣을 수 있는데 원래 라면을 끓여 먹을 때 스프를 적게 넣는 편이 아니라면, 분말스프를 다 넣도록 한다. 건더기스프의 경우 기호에 따라 빼도 좋다.
④ 뜨거운 물을 붓기 전에 나무젓가락을 준비한다. 나무젓가락은 단순히 라면을 먹는 용도로서뿐 아니라, 뽀글이를 제작하는 데 필수적인 도구라는 점을 알아둔다. 이때 중요한 것은 나무젓가락을 절대 쪼개지 말고 그냥 놔두어야 한다는 것이다.

⑤ 이제 정수기나 라면포트를 이용한 뜨거운 물을 부어준다. 물을 너무 많이 넣는 경우가 종종 있는데, 물은 봉지 기준 1/2 정도 높이에서 기호에 맞게 더 넣어도 좋고 덜 넣어도 좋다. 짤 것 같다고 무조건 처음에 물을 많이 넣어서는 안 된다. 물의 양이 적으면 나중에 짜더라도 뜨거운 물을 더 넣어 간을 조절할 수 있지만, 물을 많이 넣게 되면 돌이킬 수 없다.

⑥ 뜨거운 물을 부은 뒤 준비해둔 나무젓가락을 이용한다. 나무젓가락 끝부분을 살짝 벌려서 라면 봉지 입구를 봉인해주고, 세워두면 된다. 이때 너무 세게 벌리면 나무젓가락이 쪼개지니 조심하도록 한다. 처음에는 뽀글이 라면을 사진에서 보는 것처럼 세우기 어려울 수 있으니, 안전하게 다른 곳에 기대놓는 것이 좋다.

⑦ 이 상태로 라면이 익기를 기다린다. 끓일 때보다 물의 온도가 낮기 때문에 권장 조리 시간보다 좀 더 익혀주는 것이 좋으며, 기호에 따라 익히는 시간은 조절하도록 한다.

⑧ 완성되었으면 맛있게 먹는다.

보통 뽀글이 라면은 조리된 상태에서 그냥 먹는 것이 대부분이지만, 뽀글이 라면이 얼마나 잘 익었는지, 그리고 얼마나 맛있어 보이는

봉지라면

나무젓가락 + 뜨거운 물

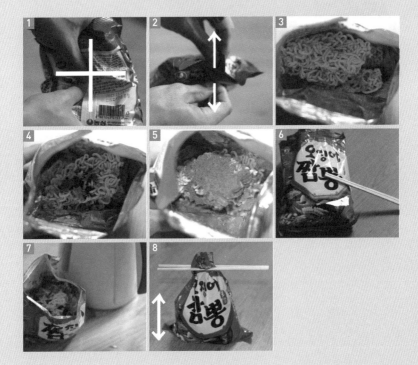

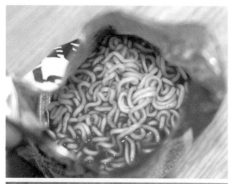

완성된 뽀글이 라면

지 소개하기 위해 그릇에 옮겨 담아보았다.

　라면 제품은 앞에서 보았듯이 농심의 오징어짬뽕을 이용했다. (참고
로 오징어짬뽕은 군대 장병들에게 뽀글이 라면으로 아주 인기가 좋은 제품이다.)

많은 사람들이 간편하게 즐겨 먹을 수 있는 뽀글이, 그러나 라면을 봉지째로 끓여 먹는 것이 문제는 없을지 걱정되는 게 사실이다. 식약청이 발표한 보도자료에 따르면(2012년 5월 12일 보도) 라면 봉지는 다층 식품포장재를 이용하여 만들어진다고 한다. 뽀글이를 만들어 먹으면 환경호르몬이 다량 검출되는 것이 아닌지 우려되는데 다층포장재를 구성하는 재질 중 접촉면에 사용되는 재질인 폴리에틸렌(PE)이나 폴리프로필렌(PP)에는 가소제 성분을 사용하지 않으므로 내분비장애물질이 나오지는 않는다고 한다. 그러나 식약청 발표에는 엄연히, 뜨거운 물을

그릇에 옮겨 담은 뽀글이 라면

부어도 무방하긴 하지만 뜨거운 물에 닿으면 물리적인 변형이 올 수도 있고, 라면 봉지에 라면을 조리해 먹는 것은 원래 용도에 맞지 않는 방법이므로 권장하지 않는다고 되어 있다. 이런 사실을 감안하면 뽀글이는 봉지라면을 끓여 먹을 수 없는 상황에서 간편하게 조리할 수 있는 방법이긴 하지만, 불가피한 상황이 아니라면 권장 조리법대로 끓여 먹는 것이 건강에도 도움이 될 듯하다.

뽀글이로 먹으면 맛있는 라면

앞에서 군대 인기 라면으로 삼양 간짬뽕과 농심 사천짜파게티를 언급했고, 농심 오징어짬뽕에 대해서도 이미 이야기했기 때문에 이 세 가지 제품을 제외하고 뽀글이로 만들어 먹으면 괜찮은 라면을 하나 더 간략하게 소개하도록 하겠다. 사실 내가 소개한 제품 외에도 뽀글이로 먹으면 맛있는 라면들이 많으니, 어떤 제품이든 도전해보아도 좋겠다.

오뚜기 스파게티라면

출시 1992년 7월 | 매운맛)))) | 라면완전정복 평점 4.1

달달한 스파게티라면을 뽀글이로 간편하게

1992년에 출시되고 나서 25년 가까이 소비자들의 사랑을 받아온 스파게티라면은 표준 조리법대로 만들어 먹어도 상당히 맛있지만, 뽀글이로 먹어도 별미다. 실제로 앞서 소개한 삼양 간짬뽕, 농심 사천짜파게티와 함께 뽀글이에 적합한 라면으로 군인들에게 많이 사랑받는 제품이다.

　뽀글이로 만들 때 조리 방법은 간단하다. 앞서와 마찬가지로 입구 부분이 벌어질 수 있도록 봉지를 잘 뜯고 건더기스프를 넣은 후 뜨거운

물을 부어 익힌 다음 물을 모두 버린다. 그러고 나서 액상소스와 치즈분말스프를 잘 섞으면 완성. 짜파게티처럼 물을 남겨야 하는 라면들과 달리 물을 따로 남길 필요가 없어 쉽게 조리할 수 있다.

달콤한 케첩 향 소스와 고소한 치즈 향이 잘 어우러진 스파게티라면은 실제 스파게티의 느낌을 어느 정도 구현했다고 볼 수 있다. 짜장라면이 짜장면과는 또 다른 그 자체만의 매력을 지니고 있듯이 이 스파게티라면도 실제 스파게티에 비할 바는 아니지만 그 나름의 매력을 지녔다. 면이 꼬들꼬들한 덕분에 뽀글이로 만들면 스파게티라면을 더욱 이색적으로 맛볼 수 있다. 뽀글이로 먹을 때 느낄 수 있는 스파게티라면만의 매력을 경험하고 싶다면 꼭 한번 시도해보기 바란다.

3

섞어 먹으면 맛이 두 배,
맛있는 퓨전라면 레시피

끊임없이 라면의 새로운 맛을 추구하는 소비자들에게 두 종류 이상의 라면을 섞어 먹는 것은 아주 흥미로운 일이다. 이는 색다른 라면의 맛을 느껴보고 싶어하는 소비자들에게 이미 보편화된 일이기도 하다. 그런데 모 방송 프로그램에서 '짜파게티'와 '너구리'를 섞어 먹는 것을 선보이고부터 평소 별 관심이 없던 일반 소비자들도 섞어 먹는 라면에 차츰 관심을 기울이기 시작했다. 이렇게 시작된 하이브리드 라면 열풍은 소비자들에게 신선한 즐거움을 선사하면서 하나의 트렌드가 되었다. 오랫동안 라면 특집을 연재하면서 알게 된 정보와 독자들이 추천해준 라면 조합에 대한 정보를 바탕으로 나는 직접 다양한 라면들을 섞어 먹어보았다. 섞어 먹으면 맛있는 라면 조합을 몇 가지 소개한다.

1) 짜파구리

농심 짜파게티 + 농심 얼큰한 너구리 | 매운맛 🌶🌶🌶 | 라면완전정복 평점 4.2

한 번쯤 먹어봤을걸? 그 유명한 짜파구리

'짜파구리'는 짜장라면으로 유명한 짜파게티와 너구리(얼큰한)를 섞어 만든 퓨전라면으로, 한 예능 프로에서 출연자가 짜파구리를 맛있게 먹는 모습이 방영된 이후 큰 화제가 되었다. 한동안 짜파구리 열풍이 불면서 이 둘의 조합은 대중에게 하이브리드 라면 열풍을 이끌어냈다.

짜파구리를 만드는 방법은 각자 기호에 따라 달라질 수 있으나 먼저 짜파게티를 조리하는 방법과 유사하다고 보면 된다. 첫 번째 방법은 너구리, 짜파게티의 면과 건더기스프를 익힌 후 기호에 맞게 적당량 물을 남기고(8스푼 이상) 짜파게티 스프와 너구리 스프를 뿌려 섞은 다음 올리브 오일을 넣어주면 된다.

두 번째는 볶아 먹는 방법인데, 애초에 볶을 수 있는 팬에 면과 건더기스프를 넣고 끓인 후, 물을 어느 정도만 남기고 버린 다음 짜파게티 스프와 너구리 스프를 넣고 볶아주면 된다. 이 방법은 첫 번째 방법보다 조리 시간이 길어서 면이 불을 수 있으니

면이 다 익기 전에 스프를 넣고 볶아주는 것이 중요하다. 이때 기호에 따라 스프의 양을 조절할 수 있는데, 너구리 스프를 다 넣을 경우에는 너구리 특유의 해물 향이 상대적으로 더 진하게 난다. 다시마 건더기는 익히기 전에 작게 잘라서 넣는 경우도 꽤 있는데 이 또한 기호에 따라 선택하면 된다.

짜파구리는 많은 소비자들이 이미 잘 알고 있겠지만, 짜파게티의 기본 맛에 해물 향과 살짝 매콤한 향을 더해주어 새로운 짜파게티를 맛보게 해준다. 해물 짜장라면 느낌이 나는데, 매콤한 정도가 강하지 않으므로 매운 음식에 약하더라도 부담 없이 즐길 수 있는 퓨전라면 조합이다. 맛이 괜찮은 짜파구리, 한 번쯤 만들어 먹어봐도 좋을 것이다.

Tip 컵라면으로 짜파구리를 만들어 먹어도 좋다.

2) 불공춘

삼양 불닭볶음면 + GS25 공화춘 짜장 | 매운맛))) | 라면완전정복 평점 4.2

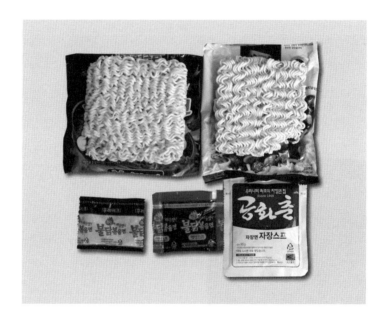

느끼함을 매콤함으로 잡았다. 화끈한 불짜장 라면이 끌릴 때
명불허전 불공춘

라면을 섞어 먹는 방법은 다양하게 시도되었다. 앞서 소개했던 '짜파구리'가 예능 프로그램을 통해서 대중에게 널리 알려졌다면, 그와 달리 사람들 사이의 입소문으로 번져나간 조리 방법도 있다. 군대 내에서 특히 인기가 무척 좋은 불닭볶음면과 공화춘 짜장라면의 조합, '불공춘'이 바로 그것이다.

사실 불닭볶음면이 핵심이고, 짜장라면의 경우는 다른 라면으로 대체가 가능하다. 공화춘 짜장라면 대신 짜파게티를 이용하면 불닭게티, 짜짜로니를 사용하면 불짜로니. 그 외에도 일품짜장면, 팔도짜장면, 짜왕, 갓짜장, 진짜짱 등 여러 짜장라면들을 이용하여 퓨전라면을 만들 수 있다. 각각의 조합에 있어서 맛은 조금씩 다르겠으나, 확실한 건 불닭볶음면과 짜장라면의 궁합이 아주 훌륭하다는 점이다.

불공춘의 조리 방법도 짜파구리와 비슷하게 두 가지가 있다. 면을 다 익힌 후 물을 빼고 그릇에 옮겨 짜장스프와 불닭볶음면 액상스프를 넣고 잘 버무려서 김 후레이크를 뿌려 먹는 것이 첫 번째 방법이다. 어렵지 않기 때문에 많은 소비자들이 이 방법을 이용하고 있으며, 군대에서는 이를 활용하여 불공춘을 뽀글이로 만들어 먹기도 한다.

두 번째 방법은 처음부터 팬에 면을 끓인 뒤 물을 살짝 남기고 짜장스프와 불닭볶음면 액상스프를 넣어 볶아 먹는 것이다. 이 경우에는 얼마나 잘 볶아주느냐에 따라 정말 맛있는 불공춘이 완성될 수 있는데, 그렇지 못할 경우에는 면이 불거나, 퍽퍽하게 느껴질 수도 있다. 기호에 맞게 잘 선택하길 바란다.

Tip 컵라면으로 만들어 먹어도 상당히 맛있다.

3) 불닭게티

삼양 불닭볶음면 큰컵 + 농심 짜파게티 큰사발 | 매운맛 🌶🌶🌶 | 라면완전정복 평점 4.8

매콤한 짜장라면 조합은 언제나 옳다, 섞으면 맛이 두 배 불닭게티

이번 조합은 앞서 소개했던 불공춘 조합과 비슷하다. 그럼에도 불구하고 재차 언급하는 것은 개인적으로 가장 맛있었기 때문이다. 봉지라면으로 만들어 먹어도 맛있지만 조리하기가 번거롭고, 조리 과정에서 실수할 경우 맛있는 퓨전라면을 맛보지 못하게 될 우려가 있다. 그래서 조리하기가 상대적으로 쉬운 컵라면을 이용해 만드는 불닭게티를 소개하고자 한다.

　방법은 매우 간단하다. 불닭볶음면과 짜파게티를 각각 조리한 후 섞어준다. 그러고 나서 김 후레이크를 뿌려 먹으면 된다. 이처럼 간단하게 조리할 수 있는 퓨전라면이지만 맛은 단순하지 않다. 불공춘과 더불어 매콤한 짜장 퓨전라면 중에 단연 으뜸이라고 말하고 싶은 조합이다. 매콤한 불짜장 라면이 끌린다면 불공춘과 함께 불닭게티를 추천한다.

4) 간짬스파

삼양 간짬뽕 + 오뚜기 콕콕콕 스파게티 | 매운맛 🌶🌶🌶 | 라면완전정복 평점 4.6

살짝 매콤하면서 은은한 해물 향이 나는 스파게티라면

이번에는 예전 포털사이트에서 퓨전라면 특집을 연재했을 때 독자들로부터 추천을 여러 번 받았던 조합을 소개한다. 간짬뽕 라면과 스파게티 라면의 조합은 얼핏 생각하면 잘 안 어울릴 것 같지만, 섞어 먹어보니 의외로 맛이 좋았다.

조리 방법 역시 간단하다. 건더기스프를 넣고 익힌 후에 물을 버리고 액상소스들과 분말스프를 넣어 잘 비벼주면 된다. 이때 물을 완전히 버리면 약간 뻑뻑하다고 느껴질 수 있는데 그럴 경우 뜨거운 물을 조금 부어주면 좋다.

간짬스파의 맛을 설명하자면, '콕콕콕 스파게티'가 가지고 있는 고소하고 달달한 맛에 '간짬뽕'이 지닌 해물 향과 매콤한 맛이 더해져 살짝 매콤한 해물 스파게티의 맛이 느껴진다. 아주 이색적이다. 이 색다른 퓨전라면의 맛을 아직까지 못 느껴봤다면 한번 시도해보기 바란다.

4

부숴 먹으면 더 맛있다, 맛있게 라면 부숴 먹는 방법&추천 라면

라면을 즐기는 사람이라면 생라면을 부숴 먹어본 적이 한 번쯤 있을 것이다. 라면을 과자처럼 생으로 먹는 것은 라면을 즐기는 또 하나의 방법이다. 스프를 곁들이지 않고 면만 먹기도 하는가 하면, 스프를 면 위에 솔솔 뿌리거나 찍어 먹기도 하고, 면과 스프를 섞어 먹기도 한다. 액상스프가 있는 라면도 라면을 부숴 액상스프를 찍어 먹을 수 있다. 심지어 컵라면도 부숴 먹으면 상당히 맛있다. 여기서는 라면을 맛있게 부숴 먹는 방법과 부숴 먹기 좋은 라면들을 소개한다.

맛있게 라면 부숴 먹는 방법

(1) 분말스프는 웬만하면 절대 다 넣고 섞지 않는다

라면을 부숴 먹을 때 가장 많이 하는 실수는 바로 스프를 다 넣고 섞는 것이다. 라면을 생으로 먹을 때는 끓여 먹을 때보다 스프가 훨씬 짜고 맵게 다가오기 때문에, 스프는 아주 소량을 곁들여야 간이 잘 맞는다. 스프를 섞어 먹을 때는 아주 조금씩 넣으면서 간을 맞추도록 하는데, 그것이 귀찮다면 찍어 먹거나 면 위에 살살 뿌려 먹는 것도 좋은 선택이라고 할 수 있다. 아주 맵고 짠 맛을 원하는 것이 아니라면 절대 스프

부숴 먹기에 좋은 컵라면
(좌: 팔도 왕뚜껑, 우: 농심 육개장 사발면)

를 많이 넣고 섞지 않도록 주의한다.

(2) 컵라면이 의외로 맛있다

라면을 부숴 먹는다고 하면 보통 봉지라면만 생각하는데 의외로 컵라면이 부숴 먹으면 맛있다. 일단 봉지라면에 비해 낮은 온도의 물에서 익어야 하기 때문에 면이 얇은 경우가 많으므로 부숴 먹기에 편하다. 또한 용기가 있어서, 부순 면을 용기에 놓고 먹기에도 좋다. 뚜껑에 스프를 올려놓고 면을 찍어 먹거나 면 위에 스프를 솔솔 뿌려 먹어도 좋다. 아직 컵라면을 부숴 먹어본 적이 없다면 한번 시도해보기 바란다.

(3) 액상소스가 들어 있는 라면들도 괜찮다

보통은 분말스프가 들어 있는 라면을 부숴 먹곤 하지만 면을 먹기 좋게 쪼개어 액상소스에 찍어 먹는 것 또한 별미다. 비빔면을 비롯해 스파게티라면, 불닭볶음면 등을 부숴 먹으면 의외로 맛있다. 특히 팔도비빔면 제품은 소비자들 사이에서 부숴 먹기 좋은 라면으로 많이 알려져 있다. 소스에 찍어 먹어도 좋고 살짝 섞어 먹어도 맛이 좋으니 꼭 한번 시도해보기 바란다.

부숴 먹기 좋은 이색 라면

(좌: 삼양 불닭볶음면. 우: 오뚜기 스파게티라면)

부숴 먹으면 맛있는 라면

오랫동안 라면 리뷰를 진행하면서 독자들에게 부숴 먹는 라면 특집을 꼭 제작해달라는 요청을 종종 받았다. 그래서 이 의견을 반영하여 부숴 먹는 라면 특집을 여러 번 선보인 적이 있다. 특집을 준비하기 위해 컵라면, 봉지라면 할 것 없이 다양한 라면들을 부숴 먹어보았는데, 그 중에서 맛있었던 라면들을 소개해본다.

• 다음의 제품 평점은, 끓여 먹었을 때의 기준이 아니라 부숴 먹었을 때의 기준임을 밝혀둔다.

1) 농심 안성탕면

출시 1983년 9월 | 매운맛)))) | 라면완전정복 평점 3.7

내 입에 안성맞춤! 끓여 먹어도 맛있고 부숴 먹어도 맛있는 안성탕면

안성탕면은 옛날 시골 장마당에서 맛볼 수 있는 우거지 장국의 맛을 재현해보자는 데서 개발되었다고 한다. 출시와 함께 폭발적인 인기를 끈 안성탕면은 현재 신라면, 짜파게티 등과 함께 꾸준히 많은 소비자들에게 사랑받는 스테디셀러 라면으로 자리잡았다.

가격이 저렴하고 가까운 슈퍼나 마트에서 쉽게 구할 수 있는 것도 이 라면의 가장 큰 장점 중 하

나이다. 그렇다 보니 소비자들이 여러 가지 방법으로 다양하게 즐겨 먹곤 하는데 그중에 부숴 먹는 경우도 많다.

　가격이 저렴하다 보니 분말스프와 건더기스프가 하나로 되어 있는데, 부숴놓은 면에 스프를 살짝 뿌리거나 면을 스프에 찍어 먹으면 은은하게 된장 향이라든가 쌈장 향이 나는데 그 맛 또한 별미다. 맵지 않은 것도 부숴 먹기에 좋은 점 중 하나다. 부숴 먹으면 은근히 손이 자주가는 제품으로, 입이 심심할 때, 부숴 먹는 안성탕면을 추천한다.

2) 농심 육개장 사발면

출시 1982년 11월 | 매운맛 | 라면완전정복 평점 4.6

컵라면도 부숴 먹기 좋다, 부숴 먹으면 맛있는 육개장 사발면

봉지라면보다 부숴 먹기에 더욱 편리하고 맛도 더 좋은 컵라면이 있다는 사실을 아는가? 농심 육개장 사발면이 바로 그것이다.

육개장 사발면은 오뚜기, 삼양 제품도 출시되어 있으나 실제 부숴 먹어봤을 때 농심 육개장 사발면이 가장 맛있었고, 평도 좋은 편이라는 점을 참고해두자.

농심 육개장 사발면은 일단 용기가 있다는 점이 유리하다. 면이 얇아서 잘 부숴지고, 용기에 부순 라면을 놓고 집어 먹으면 된다. 이때 스프는 뿌려도 좋고, 뿌리지 않아도 좋다. 면 자체가 아주 고소해서

스프가 없다고 해도 과자처럼 맛있게 먹을 수 있기 때문이다. 그렇지만 살짝 매콤한 맛을 원한다면 개인의 취향에 따라 면 위에 스프를 조금 뿌려 먹어도 좋다.

3) 팔도비빔면

출시 1984년 6월 | 매운맛 🌶🌶🌶 | 라면완전정복 평점 3.4

매콤하고 새콤달콤한 소스가 얇은 면과 잘 어울리는 팔도비빔면

부숴 먹는 라면 특집을 연재했을 때 독자들이 가장 많이 추천해주었던 제품이 바로 팔도비빔면이다. 보통은 분말스프가 있는 라면을 부숴 먹지만, 꼭 분말스프 라면만 부숴 먹으라는 법은 없다. 맛이 좋다면 액상소스 라면이라도 부숴 먹을 수 있는 것이다.

팔도비빔면을 부숴 먹을 때는 소스에 찍어 먹어도 되고 섞어 먹을 수도 있는데 나는 소스에 찍어 먹는 것을 추천한다. 소스에 찍어 먹으면 비빔면으로 먹을 때보다 좀 더 매콤한 맛이 느껴진다. 다만 팔도비빔면이 가진 특유의 은은한 사과향은 덜 느껴진다. 새콤달콤한 맛이 꽤 별미이긴 했지만 알려진 만큼의 맛은 아닌 것 같았다. 그래도 많은 사람들이 추천한 제품이니 한번 시도해보는 것도 좋겠다.

라면에 대한 모든것

1

인스턴트 라면의 역사

우리 식생활의 일부가 된 인스턴트 라면은 일본의 가장 큰 라면 기업인 '닛신'의 창업자 안도 모모후쿠(安藤百福)에 의해 1958년에 최초로 만들어졌다. 안도 모모후쿠는 일본의 무조건 항복으로 끝난 태평양전쟁을 경험했는데, 그 당시 일본 사람들은 극심한 식량난에 시달렸고, 거리에는 배고픈 사람들로 가득했다. 그러던 어느 날 안도 모모후쿠는 오사카 역에서 라면 한 그릇을 사먹기 위해 길게 줄지어 선 사람들을 보며 구호물자로 보급된 밀가루를 원료로 한 인스턴트 라면을 개발해야

겠다고 결심한다. 그는 상하지 않으면서 저장할 수 있고, 저렴하면서도 위생적이며, 빠르고 쉽게 그리고 맛있게 먹을 수 있는 라면을 만들고자 하였으나 이를 실행하기는 쉽지 않았다. 개발 과정에 있어서 가장 어려 웠던 점은 라면을 안전하게 저장하고, 편리하게 먹을 수 있도록 만드는 것이었다. 그러던 어느 날 안도 모모후쿠는 아내가 튀김을 하는 것을 보 고 영감을 얻어 기름에 튀긴 최초의 라면을 개발하게 된다. 그 제품이 바로 세계 최초의 인스턴트 라면 '치킨라멘(チキンラーメン)'이다.

1958년 8월 최초로 출시된 라면인 치킨라멘(チキンラーメン).
건더기가 없어 허전하다. 개인적으로 나의 입맛에는 잘 맞지 않았다.
다만 용기면으로 나온 치킨라멘은 괜찮았다.

한국에서 인스턴트 라면이 출시되다

일본에 안도 모모후쿠가 있었다면, 우리나라에는 전중윤 씨가 있었다. 그가 라면을 개발하게 된 계기도 안도 모모후쿠의 이야기와 비슷하다. 전중윤 씨는 남대문 시장에서 한 그릇에 5원 하는 꿀꿀이죽을 먹기 위해 많은 사람들이 장사진을 치고 있는 모습을 보고 국내 식량 문제에 대해 심각하게 고민하게 되었다. 식량 부족 문제를 해결하는 방법이 라면 개발에 있다고 생각했던 그는 마침내 상공부에 국내 식량 문제를 해결해보겠다는 포부를 밝히고, 정부 당국자를 설득했다. 그러한 노력 끝에 정부에서 5만 불을 배당받아 일본 묘조(明星)식품으로부터 기계와 기술을 도입하고 1963년 9월 15일 한국 최초의 라면을 출시한다. 이 라면이 바로 우리가 알고 있는 '삼양라면'이다.

그러나 처음 생산된 라면은 소비자들에게 외면을 받았다. 아무리 배가 고프다고 하더라도, 쌀 중심의 음식 문화에 익숙했던 우리나라 사람들에게 밀가루 음식인 라면은 너무나 생소한 것이었다. 심지어 라면을 옷감이나 실, 플라스틱 등으로 오해하는 경우도 있

었다. 하지만 삼양의 계속되는 홍보 전략과, 정부에서 식량 위기를 해결하기 위해 실시한 혼분식 장려 정책이 맞물리며 상황은 변하기 시작했다. 이에 따라 라면은 점차 큰 인기를 끌게 되었고 라면시장에 참여하는 기업들이 늘어났다.

1965년에는 농심의 전신회사인 롯데공업㈜이 '롯데라면'을 출시하면서 라면시장에 뛰어들었다. 이때부터 다양한 라면들이 소비자들의 입맛을 놓고 경쟁했는데 풍년라면(풍년식품), 닭표라면(신한제분), 해표라면(동방유량), 아리랑라면(풍국제면), 해피라면, 스타라면, 롯데라면(농심) 등 8개 제품이 바로 그것이다. 그러나 최초로 라면을 출시한 삼양식품의 압도적 점유율에 밀려 1969년에는 삼양식품과 농심만이 남게 되었다.

라면업계의 성장과 현재

80년대에 들어서자 한국은 경제적으로 크게 성장하면서 더불어 라면시장도 크게 성장했다. 라면시장에 있어서도 한국 라면의 르네상스 시대라 할 만한 굵직한 일들이 많았다. 한국야쿠르트, 빙그레, 청보, 오뚜기 등 새로운 라면 회사들이 등장했고 사발면('81), 너구리('82), 안성탕면('83), 짜파게티('84), 팔도비빔면('84), 도시락('86), 신라면('86) 진라면('88), 등 널리 알려진 베스트셀러, 스테디셀러 라면 제품들이 잇달아 선을 보였다. 특히 꾸준하게 소비자들의 입맛을 사로잡는 신제품들을 출시했던 농심이 85년, 삼양식품의 점유율을 앞서는 일이 생겼다. 곧이어 출시된 신라면이 매운맛 라면 인기에 힘입어 88올림픽이 있었던 해에는 농심의 점유율이 54%까지 올라서며 새로운 강자로 자리잡았다.

그렇게 라면시장의 호황이 계속되는 듯하다가 느닷없이 불행이 닥쳤다. 1989년에 '우지파동'이 일어난 것이다. 이 사건으로 삼양라면을 주력으로 했던 '삼양식품'은 아주 큰 타격을 입었고, 다른 회사들도 타격을 받기는 마찬가지였다. 라면시장 전체를 큰 충격에 빠뜨린 사건이었다. 이후 1997년 대법원은 최종 무죄 판결을 내렸지만, 이로 인해 89년 당시 라면업계의 피해는 보상받을 길이 없었다.

"라면은 농심이 맛있다"라고 말할 정도로 많은 사람들이 농심 제품을 찾았고, 실제로 오랜 기간 동안 가장 잘 팔린 라면도 대부분 농심 제품들이었다. 그러나 최근 들어 그 양상이 변하고 있다. 오뚜기, 삼양, 팔도 등의 회사에서 소비자들을 매료시키는 여러 라면 제품들을 출시하여 엄청난 판매 수익을 올리고 있다. 이런 시장의 변화는 기존의 농심 라면에 익숙해 있던 소비자들에게 농심 이외 다른 회사 라면들도 맛있다는 사실을 알려주었다.

라면시장에서 여전히 높은 점유율을 차지하고 있는 농심과 선의의 경쟁을 펼치며 농심이 차지하고 있는 최고 자리를 넘보려 하는 오뚜기, 삼양, 팔도, 풀무원 등 여타 라면 회사들의 시장판도가 어떻게 변화해가는지, 그리고 소비자들의 입맛을 사로잡고자 끊임없이 연구 개발하고 있는 라면 회사들의 치열한 라면대전이 어떻게 펼쳐지는지 지켜보는 것도 소비자들에게는 또 하나의 재미가 아닐까 한다.

• '우지파동' 사건은 1989년에 검찰이 '공업용 우지'를 수입해 라면의 튀김용으로 사용했다는 혐의로 삼양식품 등 5개사 대표와 임직원을 구속한 사건이다. 이 과정에서 삼양은 임직원 1,000명 정도가 회사를 떠나는 등 피해가 막심했다. 그러나 결국 이 사건은 1997년 8월 2일 최종 무죄 판결을 선고받고 종료되었다.

'우지파동' 문제와 관련하여 일반인들 사이에 여러 무성한 소문들이 나돌기도 하였다. 나는 그 소문들에 대해 객관적으로 검증할 수 없었기에 그와 관련된 이야기들을 자세히 언급하지는 못하였다. 이 부분에 대해서는 양해를 바란다.

2

라면에 대한 오해?

　라면은 온 국민이 사랑하는 국민식품이라 해도 과언이 아니다. 살면서 라면 한 번쯤 안 먹어본 사람은 아마 없을 것이다. 그만큼 라면은 일상에서 떼려야 뗄 수 없는 존재가 되었고 라면에 대해 전문가적 견해를 가진 사람들도 많이 생겨났다. 그간 라면에 대한 잘못된 생각도 있어왔고, 그런 오류가 라면에 대한 편견으로부터 발생한 경우도 있었다. 어쨌든 시대가 바뀌어감에 따라 라면에 대한 평가도 달라지고 있다. 여기서는 많은 사람들이 대부분 잘못 알고 있는 라면에 대한 오해를 살펴보려고 한다.

1) 라면에는 나트륨이 너무 많이 들어 있어 몸에 해롭다

대부분의 사람들이 라면은 나트륨이 많이 들어 있어 몸에 해롭다고 생각한다. 실제로 봉지면 1개 기준으로 국물을 다 마셨을 때, 나트륨 1일 권장량의 60~100% 정도를 섭취하게 되는 것이므로 그렇게 여겨질 만하다. 나트륨의 1일 권장량이 2,000mg인데, 대개의 국물 라면(봉지면)들은 1개당 1,600~2,000mg의 나트륨을 함량하고 있다. 적지 않은 양인 것만큼은 분명하다.

그러나 좀 더 깊이 따져보자면 이야기는 달라진다. 우리가 하루 평균 나트륨을 얼마나 섭취하는지 아는가? 우리 국민의 일평균 나트륨 섭취량은 WHO 권고량인 2,000mg의 약 2배에 달하는 4,027mg이다(2013년 기준). 실제로 우리나라 국민들은 대부분 짠 음식을 즐긴다. 식품의약품안전처가 발표한 자료에 따르면 1인분 기준으로 짬뽕 4,000mg, 우동 3,396mg, 열무냉면 3,152mg, 부대찌개 2,664mg, 감자탕 2,631mg 등 한 끼 식사만으로 1일 나트륨 섭취 권장량을 훌쩍 넘어서는 경우가 많다. 물론 우리가 먹는 대부분 음식들의 나트륨 함량이 라면에 비해 상대적으로 더 높다고 해서 라면의 절대적인 나트륨 함량이 낮다고 주장하려는 것은 아니다. 라면의 나트륨 함량이 분명 적은 편은 아니지만, 나트륨 문제는 라면뿐 아니라 국물 중심의 우리나라 음식 대부분에 공통적으로 적용된다는 점을 이야기하고 싶은 것이다. 자료만 놓고 본다면, 다른 음식에 비해 라면의 나트륨 함량이 훨씬 더 많아 라면이 몸에 해롭다는 말은 적절하지 않음을 알 수 있다.

그렇지만 라면에 포함된 나트륨이 여전히 부담되는 것은 사실이다. 라면을 먹으면서 나트륨을 덜 섭취하는 방법은 없을까? 물론 있다. 바로 라면 국물의 섭취를 줄이는 것. 국물을 적게 마시면 나트륨 섭취를 상당히 줄일 수 있다. 친절하게도 일부 라면 제품의 경우에는 국물 섭

N8 국물 적게 먹기로 시작하는 건강한 식습관

국물 섭취	나트륨 섭취	식염 섭량	일일권장량 대비 비율
건더기만 드시면	650 mg	1.7 g	33 %
국물을 반만 드시면	1124 mg	2.9 g	56 %
국물을 다 드시면	1520 mg	3.9 g	76 %

※ (주)풀무원 식문화연구원 식품안전국 분석결과

나트륨(식염) 섭취를 조절하기 위하여 아래표를 참고하셔서 적정량의 스프를 첨가하여 조리하십시오. (나트륨 일일 권장량 : 2,000 mg)

국물 섭취량	나트륨 총 섭취량	일일권장량 대비 비율
건더기만 섭취 시	610 mg	31 %
국물 1/2 섭취 시	1,170 mg	59 %
국물 모두 섭취 시	1,730 mg	89 %

※ 삼양식품(주) 식품안전팀 분석결과

영양성분 1회 제공량 1봉지(120g)

1회 제공당 함량		%영양분 기준치	1회 제공당 함량		%영양소 기준치
열량	515kcal		지방	17g	33%
탄수화물	79g	24%	포화지방	8g	53%
당류	5g		트랜스지방	0g	
단백질	11g	20%	콜레스테롤	0mg	0%
			나트륨	1,830mg	92%

%영양분 기준치:1일 영양분 섭취 기준에 대한 비율

국물 섭취량	나트륨 총 섭취량	일일 권장량 대비 비율(%)
면만 먹었을 경우	385 mg	20 %
국물 1/2 섭취 시	1,108 mg	56 %
국물 모두 섭취 시	1,830 mg	92 %

영양성분 1회 제공량 1봉지(108g)

1회 제공당 함량		%영양소 기준치	1회 제공량 함량		%영양소 기준치
열량	485kcal		지방	20g	39%
탄수화물	67g	20%	포화지방	8g	53%
당류	4g		트랜스지방	0g	
단백질	9g	16%	콜레스테롤	0mg	0%
칼슘	104.7mg	15%	나트륨	1,730mg	87%

%영양소기준치:1일 영양소기준에 대한

국물 섭취량	나트륨 총 섭취량	일일권장량 대비 비율(%)
면만 먹었을 경우	460mg	23%
국물 1/2 섭취시	1,095mg	55%
국물 모두 섭취시	1,730mg	87%

취 여부에 따른 나트륨 함량을 표시해놓기도 하였으니 확인해보자. (라면 평가를 위해 나 역시 국물을 마시기는 하나, 되도록 다 먹지 않으려고 노력하는 중이다. 물론 너무 맛있다면 얘기가 달라지긴 하지만…….)

또 한 가지, 라면의 나트륨 섭취와 관련하여 오해하기 쉬운 경우가 있다. 볶음라면, 짜장라면, 비빔면 등은 국물이 없어서 영양성분표에 표시된 나트륨 함량이 낮은데, 그렇기 때문에 나트륨 섭취에 대한 부담이 적게 느껴진다. 그렇지만 다시 생각해보면, 나트륨 함량이 결코 낮은 것이 아니다. 국물이 없는 라면들의 경우는 대부분 소스를 먹기 때문에, 영양성분표에 표시된 나트륨 함량을 거의 100% 섭취하게 된다. 나트륨 섭취를 조절할 수 있는 국물 라면과 달리 국물이 없는 라면들은 그 양을 조절하기 어렵기에 오히려 더 많은 나트륨을 섭취할 수 있다는 사실을 명심해야 한다.

마지막으로 한 가지 더 짚고 넘어가자면, 우리나라 라면은 일본의 라면들에 비해 나트륨 함량이 훨씬 적은 편이다. 내가 먹어본 수십 종의 일본 라면들은 대부분 나트륨 함량이 높았다. 우리나라는 1일 나트륨 권장량인 2,000mg에 육박하는 라면들이 그리 흔하지 않지만, 일본의 경우에는 상당수의 라면들이 그 이상의 나트륨을 함유하고 있었다. 물론 일본 라면이든 우리나라 라면이든 나트륨 함량이 높은 것은 사실

栄 養 成 分 表 示		1食(86g)当り	
熱　　　量	370kcal	ナトリウム	2.3g
たんぱく質	8.6g	めん・やくみ	(0.8g)
脂　　　質	14.4g	スープ	(1.5g)
炭水化物 糖質	50.5g	カルシウム	160mg
食物繊維	1.8g		

標準栄養成分表 1食(85g)当たり		ナトリウム： 2.2 g	
		（めん 0.9g）	
		（スープ 1.3g）	
エネルギー：377kcal		ビタミンB1： 0.61mg	
たん白質 8.2g		ビタミンB2： 0.74mg	
脂　質 14.5g			
炭水化物 53.6g		カルシウム： 278mg	

栄 養 成 分 表 示		1食(87g)当り	
熱　　　量	376kcal	ナトリウム	2.5g
たんぱく質	9.0g	めん・やくみ	(1.0g)
脂　　　質	15.5g	スープ	(1.5g)
炭水化物 糖質	49.2g	カルシウム	175mg
食物繊維	2.0g		

標準栄養成分表 1食(100g)当たり		ナトリウム： 2.3g	
		めん・やくみ 0.6g	
		スープ 1.7g	
エネルギー： 443kcal		ビタミンB1：0.33mg	
たん白質 9.5g		ビタミンB2：0.58mg	
脂　質 16.6g			
炭水化物： 63.8g		カルシウム： 232mg	

내가 먹어본 몇몇 일본 라면 제품의 나트륨(ナトリウム) 함량이다. 2,000mg(2g)이 넘는 경우가 상당히 많다. 이 제품들뿐 아니라 대부분 일본 라면의 나트륨 함량이 2,000mg을 넘는다.

이지만, 다행히 우리나라 라면들이 상대적으로 나트륨을 적게 함유하고 있음을 알아두자.

2) 라면은 저렴하다

라면은 저렴한 가격에 간편하게 한 끼 식사를 대신할 수 있는 음식으로 인식되고 있다. 라면으로 끼니를 때우며 경제적으로 힘들었던 시기를 이겨냈다는 유명인들의 이야기가 언론에 종종 소개되기도 한다. 아직까지 1,000원이 안 되는 가격에 살 수 있는 라면이 있다는 사실은 서민들에게 정말 반가운 일이 아닐 수 없다.

그러나 라면이 저렴하다는 인식이 점차 흔들리고 있다. 프리미엄 짜장라면이라는 이름으로 시작된 라면업계의 고급화 전략은 신제품 라면의 가격 인상을 불러왔다. 짬뽕라면, 비빔면, 부대찌개라면, 김치찌개라면, 편의점 PB라면 등 다양한 장르로 선보인 신제품들은 프리미엄 라면이라는 명목하에 기존 라면들과 달리 비싼 가격으로 출시되었다.

나는 2014년부터 매주 슈퍼마켓이나 대형마트, 편의점 등을 돌며 라면을 사고 있는데 2016년에 들어서면서 라면 구입비가 부쩍 늘어났다. 정가를 그대로 받는 유명 프랜차이즈 편의점에서 A 봉지라면이 개당 1,700원씩이나 했다. 라면 한 봉지 가격에 너무 놀랐다. 다른 유명 프랜차이즈 편의점에서도 신제품 컵라면을 출시했는데 가격이 심지어 개당 2,200원이었다. 그리고 편의점에 비해 저렴한 가격으로 판매되고 있는 대형마트에서는, 4~5개가 묶인 번들라면의 경우 5,000~6,000원대 제품들이 눈에 띄게 늘어났다. 이처럼 라면이 비싸진 원인으로는 라면 회사가 기본적으로 제품의 가격을 인상한 부분도 있지만, 새로 나오는 라면들이 전략적으로 고급화되는 과정이라는 이유가 더 컸다. 가격 상승은 다양한 라면을 리뷰하는 나 자신은 물론이려니와 거의 매일 라면을 즐기는 소비자들에게는 정말 안타까운 일이 아닐 수 없다.

하지만 가격이 오른 대신에 더 다양하고 고급화된 라면들을 맛볼 수 있게 된 점은 환영할 만한 일이기도 하다. 그리고 최근 몇 년 사이에 많이 비싸지 않은 신제품 라면들이 출시될 수 있었던 것은, 가격 상승으로 인한 부작용을 우려한 라면 회사들이 보다 적극적으로 소비자의 입장에서 생각하고 노력한 결과이기도 하다. 그렇지만 이제 더 이상 라면이 저렴하지만은 않다는 사실은 한편으로 좀 아쉽기도 하다.

3

미국의 유명 라면 블로거
'한스 리네쉬' 이야기

앞서 밝혔듯이 라면에 대해 관심이 많았던 시기에 우연히 한스 리네쉬를 알게 되었고 나도 그처럼 라면 블로거가 되고 싶다는 생각을 했다. 그래서 꾸준히 라면을 맛보고, 블로그를 통해 그 맛의 특징을 소개했다. 덕분에 많은 독자들에게 내 블로그와 나의 꿈을 알릴 수 있었고, 이렇게 책까지 출간하게 되었다. 책을 쓰는 과정에서 나는 직접 한스 리네쉬에게 연락하여 한국의 독자들에게 그를 소개해도 되겠냐고 물어보았다. 그는 내 요청을 흔쾌히 받아들여주었으며 자신이 어떻게 라면 블로거가 되었는지 들려주었다.

한스 리네쉬와 그의 가족

　먼저 한스 리네쉬에 대해 소개하자면 그는 전 세계 라면들을 직접 맛보고, 매년 '세계에서 가장 맛있는 라면 Top 10'을 선정하여 자신의 블로그에 올리고 있다. 그중에는 한국의 라면 제품도 상당수 포함되어 있는데, 우리나라 언론에도 한스 리네쉬의 이야기가 소개된 적이 있다. 어떻게 해서 그는 'The ramen rater(라면 평가자)'라는 이름으로 전 세계 라면들을 먹어보고 많은 이들에게 자신의 느낌과 생각을 소개하게 되었을까? 한스 리네쉬가 직접 자신의 이야기를 들려주었다.

한스 리네쉬는 미국 워싱턴 주 아나코테스 섬의 작은 어촌 마을에서 자랐다. 여덟 살이 되었을 때 그는 자신의 인생에 큰 영향을 끼친 특별한 일을 경험했다. 바로 어머니가 만들어주신 인스턴트 라면을 처음 맛본 일이었다. 맛은 놀라웠다. 어머니는 면의 물기를 빼고 살짝 바삭해질 때까지 볶은 뒤 그 위에 달걀을 풀어 넣는 식으로 라면을 만들어주곤 했다. 상상만 해도 군침이 도는 이 라면을 한스 리네쉬는 아주 좋아했다고 한다.

그러나 불행히도 얼마 안 있어 그들이 자주 가던 근처 식료품점에서 그 제품이 사라졌기 때문에 온 가족이 즐겨 먹던 라면을 더 이상 맛볼 수 없게 되었다. 한스 리네쉬는 그 라면을 찾아보고 싶었다. 마침 그의 아버지가 시애틀에서 제법 규모가 큰 일본인 식료품점을 알고 있었다. 아버지는 가족 모두를 데리고 그곳으로 갔고, 바로 그 식료품점에서 한스 리네쉬와 그의 가족은 그들이 찾던 라면이 세계 최초로 생산된 인스턴트 라면인 닛신의 '치킨라멘'이라는 사실을 알게 되었다. 그리고 한스 리네쉬는 그곳에서 다른 언어로 된 다양한 인스턴트 라면을 보았다. 하나같이 먼 데서부터 온 것들을 보고 그는 단번에 이국적 매력을 느꼈다. 작은 마을에서 태어나 넓은 세상에 대해 여러 가지 호기심과 관심이 많았던 한스 리네쉬에게 그날의 경험은 매우 특별했다.

한스 리네쉬는 예술적인 것과 창조적인 것을 매우 좋아했는데 웹디자이너야말로 그의 이런 취향을 만족시켜주는, 그에게 딱 맞는 직업이란 생각이 들었다. 동시에 그는 자신이 직접 먹어본 다양한 인스턴트 라면들의 목록을 만들어 그것을 웹사이트에 소개한다면 매우 재밌겠다고 생각했다. 이를 바탕으로 그는 웹사이트에 리뷰를 올렸고, 바로 이때부터 초창기 'The ramen rater'로서의 활동이 시작되었다.

2010년, 한스 리네쉬는 사랑하는 여인을 만나 그녀와 함께 에드먼드로 이사했다. 그런데 마침 그 근처에는 아시아 식료품점들이 있었다. 이전부터 라면에 관심이 많았던 그는 이러한 사실을 매우 흥미롭게 여기고 매일 그 식료품점들을 돌아보기 시작했다. 그리고 그곳에서 알게 된 다양한 인스턴트 라면들을 구입하여 직접 먹어보고 웹사이트를 통해 리뷰를 올리기 시작했다. 한국 라면, 일본 라면 등 세계의 다양한 라면들에 대하여.

그러던 그에게 예상치 못한 행운이 찾아왔다. 2012년에 한국의 라면 회사인 '농심'으로부터 연락이 온 것이다. 농심은 한스 리네쉬가 한국을 방문할 수 있는지 물었고, 비용은 농심에서 충당하는 조건으로 초청하겠다고 했다. 이는 그에게 정말 놀라운 일이었다. 단지 새로운 라면들을 먹어보는 것을 좋아할 뿐이었는데, 그 덕에 비행기를 타고 한국의 라면 공장을 방문하여 라면이 어떻게 만들어지는지 볼 수 있다는 사실이 매우 흥미롭고 기뻤다. 몇 년 후 말레이시아 회사로부터도 똑같은 제안이 들어왔다. 그리고 그다음 해에는 태국, 최근에는 대만에서 방문 제안을 해왔고 그럴 때마다 그는 흔쾌히 초청에 응했다.

그는 자신의 개인적인 취미가 이처럼 삶에 많은 것들을 가져다주리라고 전혀 예상하지 못했다. 취미가 인생을 바꾼 것이다. 취미로 시작한 일이 경제적 수입을 가져다주었을 뿐만 아니라, 덕분에 경제적 부담으로 갈 수 없었던 여러 나라들을 여행하게 되었다. 다른 나라 다른 환경에서 또 다른 흥미로운 삶을 살고 있는 나(필자)와 같은 사람들을 만날 수 있어 즐겁다고 말하기도 했다.

끝으로 그는 자신의 신체적 장애에 대해 솔직히 말해주었다. 그는 미국에서 '법적 맹인(legally blind)'으로 분류된다고 한다. 그러나 눈이 빛에 매우 민감해서 운전을 할 수 없고, 길을 가로질러 건너는 것이 좀 힘든 건 맞지만 앞을 전혀 볼 수 없는 것은 아니라고 알려주었다. 남들과는 다른 신체적 어려움을 지니고 있음에도 한스 리네쉬는 자신이 할 수 있는 많은 일들을 시도하고 이뤄냈다.

이야기를 마치면서 한스 리네쉬는 인스턴트 라면에 대한 자신의 열정은 여전히 식지 않았으며 현재도 다양한 새로운 라면들을 매일매일 맛보는 것을 즐긴다고 말했다.

한스 리네쉬의 이야기는 나처럼 라면에 관심이
있는 사람들에게만 흥미로운 것이 아니라, 그렇
지 않은 사람들에게도 매우 인상적일 것이다.
나 역시 그의 이야기를 자세히 들어보기 전까지
는 라면에 대한 열정만으로 그에게 큰 호감을 가
지고 있었지만, 신체적 어려움을 비관하지 않고 좋
아하는 일을 함으로써 자신의 삶을 변화시키는 모습
을 보면서 다시 한 번 감동했다. 한스 리네쉬라는
사람을 더 잘 이해할 수 있었을 뿐 아니라, 동시에
그가 참 멋진 사람이라는 생각이 들었다.

그의 이야기와 그가 연재하는 전 세계 라면에 관한 리뷰가 궁금하
다면 아래 사이트를 참고하기 바란다.

• 'The ramen rater' 한스 리네쉬 블로그
  http://www.theramenrater.com

4

한국의 열혈 라면 블로거
'캬캬' 님의 라면을 대하는 새로운 방법

라면 리뷰를 하면서 나는 라면을 소개해주는 다양한 블로거를 만날
수 있었다. 그런데 아쉽게도 도중에 개인적인 사정으로 연재를 중단한
블로거들도 많았다. 그런가 하면 잠시 휴재하였다가 어느 정도 시간이
지나 꼭 다시 연재를 시작하는 열혈 블로거도 있다. 그렇게 꾸준히 라
면에 관한 포스트를 제작하는 이들 가운데 이 책을 통해 소개하고 싶은
두 블로거가 있다. 바로 '캬캬' 님과 '슬픈라면' 님이다. 두 사람 모두 자
신만의 스타일을 가지고 라면 블로그를 운영 중이다.

• 캬캬 │ And or End
http://blog.naver.com/kyakya_4001
라면을 먹는 다양한 방법, 다양한 라면 제품에 대해 소개하는 블로그

라면을 이렇게 맛있게 조리해서 리뷰를 올리는 사람이 또 있을까? 하는 생각이 들 정도로 '캬캬' 님은 다양한 재료를 활용하여 여러 가지 제품을 맛있게 조리해 먹어보고 그 평가를 올린다. 그뿐만이 아니라, 라면에 얽힌 다양한 이야기들을 찾아 소개한다. 라면에 관심이 있다면 누구라도 아주 흥미롭게 볼 수 있는 리뷰들이 가득하다. '캬캬' 님의 정성이 느껴지는 다양한 라면 리뷰를 보고 싶다면 꼭 방문해보기 바란다.

'캬캬' 블로그 소개

안녕하세요. 라면 블로거 캬캬입니다. 현재 사용 중인 블로그는 2012년 여름부터 활동을 시작했습니다. 2013년부터 라면쇼핑몰을 준비하면서 쇼핑몰에 사용할 콘텐츠를 만들기 위해 본격적으로 라면 리뷰를 하게 되었습니다. 당시는 다양한 종류의 라면을 소개하려는 목적으로 아이템을 찾아 사방팔방 돌아다녔지만, 라면쇼핑몰의 운영을 중단한 지금은 집 앞 슈퍼마켓에서 판매하는 라면들과 먹는 방법, 그리고 별첨하여 곁들인 식재료들을 기록하는 정도의 목적으로 운영하고 있습니다.

라면 식재료 소개

나만의 독특한 레시피를 개발한 적은 없으나, 라면을 끓이며 눈에 보이는 다양한 식재료들을 별첨하는 것을 즐겨 하였습니다. 그중 몇 가지를 소개하고자 합니다.

1. 우유

라면을 끓이는 도중 우유를 반 컵 정도 넣으면 국물에서 치즈를 넣은 듯 고소한 맛이 느껴집니다. 첨가하는 우유의 양은 개인 취향에 따라 결정하면 됩니다. 물 대신 우유만 넣고 끓이는 사람도 있습니다. 치즈를 싫어한다면 맞지 않을 수 있습니다.

2. 생강

생강가루나 생강 조각(소량)을 넣고 라면을 끓이면 평소의 라면 국물 맛보다 더 개운하고 시원한 맛을 즐길 수 있습니다. 단, 국물 맛에 크게 영향을 끼치게 되므로 생강의 맛과 향을 좋아하는 분께만 권장합니다.

3. 라이스페이퍼

면을 다 먹고 양이 부족하다 싶을 때, 월남쌈에서 사용하는 라이스페이퍼를 수제비처럼 작은 조각으로 떼어 조금씩 넣으면 금세 쫀득쫀득한 건더기를 먹을 수 있습니다. 한꺼번에 많이 넣으면 서로 붙어서 커다랗게 덩어리지므로 먹기 불편해집니다.

4. 황태

라면을 조리하면서 황태가루를 별첨으로 넣으면 더 깊은 국물의 풍미를 느낄 수 있습니다. 별첨하는 천연 조미료입니다. 가루제품이 아닌 황태 채를 넣을 경우 큼직한 건더기의 재미까지도 느낄 수 있습니다. 참고로 황태 관련 제품들 중 황태가루가 가장 저렴합니다.

5

한국의 열혈 라면 블로거
'슬픈라면'님의 라면 이야기

- 슬픈라면 | 슬픈라면의 라면이야기
http://blog.naver.com/sadramyun
고품질 라면 리뷰를 소개하는 블로그

국내외 다양한 라면을 소개해주는 블로거 '슬픈라면' 님. 내가 라면완
전정복 블로그와 포스트를 운영하면서 만난 사람이다. 아주 꼼꼼하면
서 퀄리티 높은 리뷰가 인상적이다. 라면의 면과 각각의 스프 중량을
재고, 면의 굵기를 직접 측정한다. 이런 꼼꼼한 기록을 통해 라면이 실

제 어떤 특징을 가지고 있는지 더 잘 알 수 있게 해준다. 이 같은 '슬픈
라면' 님의 라면 리뷰는 많은 사람들로부터 큰 관심을 이끌었고, KBS
방송에 출연하여 전국의 많은 시청자들에게 직접 그 모습을 선보이기
도 했다. '슬픈라면' 님의 고품질 라면 리뷰가 궁금하다면 그의 블로그
를 꼭 한번 방문해보기 바란다.

'슬픈라면' 블로그 소개

안녕하세요. 네이버에서 라면 블로그를 운영 중인 슬픈라면입니다.
2005년에 처음 블로그를 개설하고 어떻게 운영하는지 몰라서 잡다한
정보를 올리다가 2015년 10월부터 기존에 있던 대부분의 포스팅을 지

우고 라면으로 주제를 한정해 블로그를
운영하게 되었습니다.

한때 인터넷에서 '빅맥 크기 변화'
관련 사진이 화제가 된 적이 있습니다.
똑같은 크기, 똑같은 레시피로 제조된
줄 알았던 빅맥이 사실은 시대의 흐름에
따라서 크기가 변화되었다는 사실에
많은 분들이 놀랐죠. 그 사진을 보고
문득 궁금해졌습니다. 우리가 즐겨
먹는 라면도 시대에 따라서 크기나
중량이 변하고 있지는 않을까?

그래서 저는 라면 구성품의 중량을
재고, 캘리퍼스로 면의 크기 등을 재서 블로그에 기록하기 시작했습니
다. 라면을 분석(?)한 지 아직 1년이 채 안 되어 자료가 많이 부족한 상
태지만 이렇게 꾸준히 운영해서 언젠가 대한민국 라면의 변천사를 확
인할 수 있는 블로그를 만드는 것이 목표입니다.

추천하고 싶은 라면

대한민국의 많고 많은 라면 중에서 저는 두 개의 라면을 추천하고 싶습니다. 양파라면과 아라비아따.

'양파라면'은 국내의 유명한 대형 제조사 라면이 아닌 경상남도 합천군에 위치한 농업회사법인 합천유통㈜이 만든 라면인데, 합천군의 특산품인 양파를 면과 스프에 함유한 것이 특징입니다. 면과 스프에서 구운 양파향이 풍기는데 국물이 깔끔하고 시원해서 정말 맛있게 먹었던 라면입니다. 대형 제조사의 라면에서는 찾아볼 수 없는 색다른 매력이 느껴졌습니다.

'아라비아따'는 국내 유명 라면 제조사인 오뚜기에서 2016년 6월에 출시한 라면입니다. 4mm의 넓은 페투치네 파스타면을 재현하였고, 조미고추 엑기스를 함유하여 면발이 붉은색을 띠는 것이 특징이죠. 토마토 파스타에 매콤함을 더한 라면이라고 할 수 있는데, 매콤하면서도 상큼한 맛이 정말 매력적입니다. 다소 비싼 가격이 흠이지만 맛있는 라면이죠. 어디까지나 제 개인적인 입맛을 기준으로 선정한 것이기에 호불호가 갈릴 수도 있지만, 두 가지 모두 맛이 독특하므로 한 번쯤 드셔보시는 것도 나쁘지 않다고 생각합니다.

'슬픈라면' 님이 추천한 두 가지 라면

1) 오뚜기 아라비아따

출시 2016년 6월 | 매운맛 🌶🌶🌶 | 라면완전정복 평점 4.4

매콤한 토마토소스를 바탕으로 색다른 맛을 선보이는
스파게티 느낌의 라면

'아라비아따'라는 이름은 '맵다, 강렬하다'라는 뜻을 가진 이탈리아어
로 고추를 넣어 매운맛을 낸 토마토소스를 일컫는다. 실제로 아라비아

따 라면은 청양고추를 넣어 은근히 매콤하다. 고소한 볶음마늘풍미유를 첨가하였으며, 4mm의 넓은 면을 사용해 페투치네 파스타면을 재현하려 했다. 전체적으로 기존에는 볼 수 없었던 새로운 시도를 한 제품이다.

나도 '슬픈라면' 님의 호평을 듣고 먹어보았는데 매우 만족스러웠다. 스프에 토마토가 25% 들어가 있다고 적혀 있는데, 그 때문인지 토마토 향이 진했다. 토마토 향이 달달한 스파게티 향과 어우러지고, 또 그 고소한 향에 매콤한 향이 보태져 묘한 맛을 느낄 수 있었다. 면 역시 아라비아따 라면의 특별한 맛과 잘 어울렸다. 오뚜기에서 기존의 스파게티라면 기술을 바탕으로 매콤함과 면의 특별함, 고소함을 더해 한층 더 업그레이드된 새로운 맛의 스파게티라면을 만들어냈다는 생각이 들었다. 다만 '슬픈라면' 님이 말한 것처럼 내가 느끼기에도 상대적으로 비싼 가격과 비교적 적은 라면 양은 조금 아쉬웠다.

2) 합천유통 해와인 양파라면

출시 2016년 1월 | 매운맛 〰〰〰 | 라면완전정복 평점 4.4

합천군에서 특산물 '양파'를 이용해 개발한 특별한 라면

해와인 양파라면은 합천 양파의 우수성을 널리 알리고, 양파 소비촉진을 위해 경남 합천군에서 개발한 전국 최초의 웰빙형 라면이다. 면뿐만 아니라 분말스프, 건더기스프에도 양파가 들어간 것이 특징이다.

생라면 상태에서 보면 면이 일반 라면과는 다르다. 면 자체는 좀 바삭했는데, 양파깡 같은 맛이 나서 끓이지 않고 그냥 부숴 먹어도 맛있다. 생면이 맛있는 라면으로 농심 육개장 사발면과 이 제품 외에 다른 건 떠오르지 않을 정도였다.

라면을 끓여 먹어보면 '슬픈라면' 님이 언급했듯이 면과 국물에서

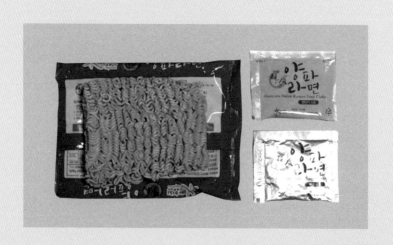

전체적으로 양파향이 가득 느껴진다. 해장국양념분
말이 들어갔다고 나와 있는데 개인적으로는 쇠
고기 국물 기반에 얼큰한 맛을 더한 향을 느낄
수 있었다. 라면 특유의 향과 가득한 양파향이
잘 어우러져서 구수하고 얼큰한 맛이 일품이었
다. 대기업 라면 제품이 아니라 지방의 한 회사
에서 제조한 라면이 이 정도의 맛을 선보일 수 있다
는 데 대해 놀라웠다.

아쉬운 점도 있기는 했다. 건더기의 양이 좀 적다는 것과 구매하기 어렵다는 점. 해와인 양파라면의 경우 현재 합천에 위치한 직매장과 경남, 경기도의 일부 하나로마트에서 판매하고 있다 하나, 지역에 따라 오프라인상에서 구하는 것은 쉽지 않은 실정이다. 하지만 해와인 공식 쇼핑몰(http://www.haewain.co.kr/)에서 제품을 구할 수 있으니 참조하기 바란다.

6

.

잠깐 소개하는 일본 라면

나는 그동안 블로그를 운영하면서 외국 라면들은 그다지 많이 접하지 못했다. 태국, 베트남, 일본 등의 라면을 먹어보긴 했지만 그 나라 제품들에 대해 잘 알고 있다고 말할 수는 없다. 이를 구실로 일본의 다양한 인스턴트 라면을 맛보기 위해 최근 일본에 다녀왔다. 인스턴트 라면이 최초로 만들어진 나라 일본에는 그야말로 셀 수 없을 정도의 다양한 라면이 존재했다. 나는 여행 기간 동안 여러 종류의 일본 라면을 직접 먹어보기도 하였고, 한국으로 돌아올 때 다양한 제품을 구입해 가져오기도 했다. 그리고 블로그를 통해 내가 직접 먹어본 일본 라면

들을 소개했다.

　일본 라면은 쇼유라멘, 미소라멘, 시오라멘, 야끼소바라멘 등 여러 장르로 나뉘는데, 여기서는 내가 먹어본 일본 라면들만의 독특한 특징에 대해서 간단히 소개해보겠다.

마루짱 세이멘 미소맛   로손 편의점 PB 미소라멘

미소라멘(味噌ラーメン)

일식집이나 분식집에서 접할 수 있는 미소(味噌) 된장국. 바로 그 미소 된장을 활용하여 맛을 낸 미소라멘은 일본 라면에서만 맛볼 수 있는 장르라고 할 수 있다. 구수하고 짭짤한 미소 된장 국물과 라면의 만남은 한국인의 입맛에도 잘 맞는다. 일본인들이 좋아하는 미소라멘은 한국의 된장라면 맛과는 구분되는 또 다른 새로운 맛을 선사한다. 일본 라면의 맛을 느끼고 싶다면 꼭 한번 먹어볼 만한 제품이다. 개인적으로 마루짱 세이멘 미소맛 라면과 일본 로손 편의점의 PB 미소라멘을 추천한다.

시오라멘(塩ラーメン)

시오(塩)란 소금을 뜻한다. 그러니 시오라멘은 소금으로 간을 낸 라면이라고 생각하면 좋을 듯하다. 기본적으로 모든 라면이 소금으로 간을 내긴 하는데 시오라멘은 어떤 맛일까? 실제 맛을 보니 느낌은 약간 우리나라의 곰탕라면 비슷한데 거기에 라면 제품별로 특유의 향긋한 향을 첨가해 깔끔한 맛이 났다. 개인적으로 나는 일본의 다양한 라면 종류 중에서 시오라멘을 가장 좋아한다. 삿포로 이치방 시오라멘과 CGC 브랜드의 시오라멘이 입맛에 가장 잘 맞았다. 이 외에 다른 시오

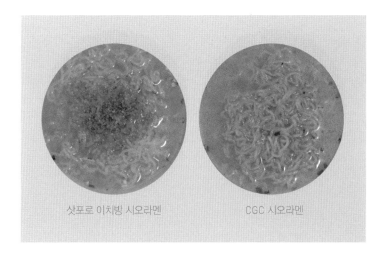

삿포로 이치방 시오라멘   CGC 시오라멘

라멘 제품들도 맛이 좋으니, 기회가 된다면 꼭 한번 맛보기 바란다.

쇼유라멘(醬油ラーメン)

쇼유(醬油)란 대두와, 밀, 소금을 주재료로 만든 일본의 발효 조미료를
뜻한다. 일본에서는 쇼유를 이용하여 라면을 조리하곤 하는데, 인스턴
트 라면으로 대개 쇼유라멘을 많이 먹는다. 일본에서 한국의 '신라면'
과 같은 브랜드 파워를 지닌 '닛신 컵누들' 제품 중에서도 가장 기본이

삿포로 이치방 쇼유라멘   마루짱 세이멘 쇼유맛 용기면

되는 '컵누들 오리지널'은 쇼유의 은은한 향을 잘 살린 제품이다. 쇼유라멘이 일본인들의 입맛에 익숙하다 보니 내가 먹어본 라면 중에서도 쇼유라멘이 상당히 많았다. 그 가운데서 가장 맛있었던 제품을 고르자면 삿포로 이치방 브랜드에서 나온 쇼유라멘과 마루짱 세이멘 쇼유맛 용기면이다. 일본을 여행할 기회가 생긴다면 일본인들이 즐겨 먹는 쇼유라멘을 꼭 한번 맛보기 바란다.

야끼소바라멘(焼きそばラーメン)

야끼소바(焼きそば)란 삶은 국수에 야채, 고기 등을 넣고 볶은 일본 요리다. 일본 사람들에게 사랑받는 아주 대중적인 음식인데, 이 야끼소바를 인스턴트 라면으로 구현한 제품이 바로 야끼소바라멘이다. 인스턴트 라면으로 만들어진 몇몇 야끼소바라멘 제품을 먹어보았는데 실제 일본 현지에서 맛본 야끼소바만큼 맛있지는 않았지만, 그래도 야끼소바의 특색을 라면으로 아주 잘 구현한 것 같아 만족스러웠다. 내 입맛을 기준으로 추천하고 싶은 제품은 닛신의 UFO 야끼소바와 삿포로 이치방의 야끼소바이다. 일본 라면 제품만의 맛을 제대로 느끼고 싶다면 야끼소바라멘을 꼭 먹어보기 바란다.

삿포로 이치방 야끼소바   닛신 UFO 야끼소바

그런데 일본의 여러 봉지라면과 용기면 제품들을 먹어보고 느낀 점
이 있었다. 일본 라면은 용기면 제품들이 더 낫다는 것. 봉지라면이 전
체적으로 면 이외 건더기가 부실하거나 심지어 건더기가 전혀 없었던
것과 달리, 용기면 제품들은 건더기가 알차게 들어 있을 뿐만 아니라
양 또한 푸짐하고 맛도 더 좋았다. 일본 여행을 가게 된다면, 건더기가
예쁜 일본의 다양한 컵라면들을 찾아 꼭 한번 맛보기 바란다.

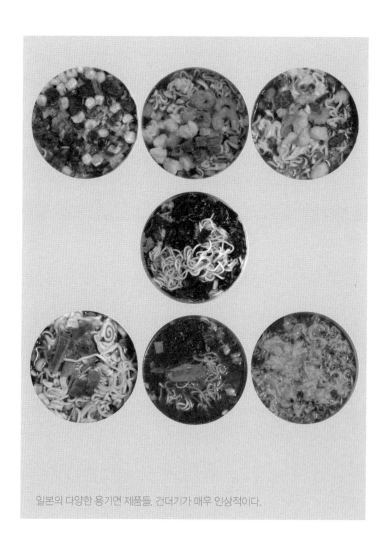

일본의 다양한 용기면 제품들. 건더기가 매우 인상적이다.

농심 '구미공장' 방문기,
라면이 만들어지는 현장을 가다

라면은 어떻게 만들어지는 걸까? 늘 이러한 의문을 품고서 라면이 생산되는 과정을 알아보고 싶었는데 드디어 라면 공장을 견학할 수 있는 기회를 얻게 되었다. 그곳은 바로 국내 최고의 라면 제조 설비를 갖춘 농심의 '구미공장'이었다.

현장에 도착하자마자 눈에 들어온 구미공장의 모습은 실로 웅장했다. 상상했던 것보다 훨씬 큰 건물이 길게 뻗어 있었는데 그 규모에 감탄하지 않을 수 없었다. 안으로 들어가니 구미공장의 팀장님이 친절히

맞아주었다. 공장 로비에는 농심에서 생산되는 다양한 라면들이 진열장에 보기 좋게 전시되어 있었다. 국내에서 판매되고 있는 라면부터, 해외로 수출되는 라면까지 종류가 다양했다.

평소 워낙 관심이 많던 분야이기에 팀장님의 설명을 들으며 기분 좋게 로비를 돌고 있는 사이 정문으로 40명가량의 학생들이 들어왔다. 라면 공장 견학을 온 학생들이라고 하는데, 보통 이곳 농심 구미공장은 구미 지역 주민들을 비롯해 타 지역 주민들까지 많은 사람들이 견학

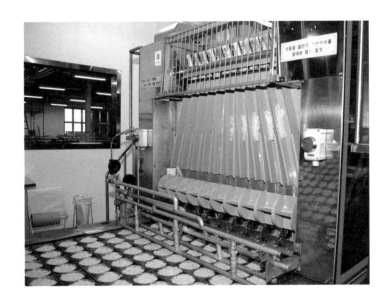

을 온다고 한다. 공장을 견학하려면 사전에 예약을 해야 하는데 워낙 신청이 많아서 늘 예약이 가득 찬다는 이야기도 들을 수 있었다. 견학을 마치고 나면 농심에서 라면과 과자, 음료수까지 포함된 선물세트를 제공하는데, 이 선물을 받기 위해 더 많은 사람들이 방문할 수도 있겠다는 생각이 들었다. 실제 인기가 대단한 것 같았다.

　학생들이 견학을 하는 동안 잠시 기다렸다가 팀장님과 함께 본격적으로 공장을 둘러보기 시작했다. 구미공장에는 라면이 만들어지는 과정을 쉽게 볼 수 있도록 견학로가 마련되어 있는데 그 길을 따라 걸으며 라면이 어떻게 만들어지는지에 대한 설명을 들었다. 견학 중에 가장 놀라웠던 점은 생산 공정 대부분이 기계화되어 있다는 것이었다. 예전에 식품 공장 아르바이트를 여러 번 해본 적이 있었는데, 그때는 기계화나 자동화가 되어 있지 않았던 데다 손으로 직접 만드는 공정이 많다 보니 비위생적인 부분도 없지 않았다. 농심 공장을 견학하기 전까지는 라면 공장도 크게 다르지 않을 것이라고 예상했다. 하지만 착각이었다. 막상 와서 보고 실제는 전혀 다르다는 것을 알았다. 라면 제조 공정이 대부분 자동화되어 있어 위생 문제만큼은 안심이 되었다.

라면을 생산하는 속도 또한 상상 이상으로 엄청나게 빨랐다. 라면 생산 설비를 들여온 곳은 다름아닌 기관총을 만드는 회사라고 한다. 그렇기에 이처럼 빠른 속도로 라면을 생산할 수 있다는 농반진반의 설명도 들었다. 자동화된 생산라인에서 수많은 라면 제품이 빠른 속도로 생산되는 덕에 저렴하며 위생 걱정 없는 라면을 먹을 수 있는 것이 아닌가 싶기도 하다.

라면을 튀기는 기름을 얼마나 자주 교체해주는지, 그리고 어떻게 관리하는지 오래전부터 궁금했는데, 면을 기름에 튀기는 공정 라인에서 그 과정을 직접 보며 설명을 들으니 그에 대한 의문이 해소되었다.

엄청나게 빠른 속도로 라면을 생산하는 기계 덕분에 구미공장에서 제조되는 라면은 월 1억 개에 달하는데, 그렇게 많은 라면을 생산하다 보니 라인을 지나가는 동안 면들이 기름을 다 흡수해버린다고 한다. 그래서 기름을 여러 과정 중에 새로이 보충해준다는 것이다.

　라면이 생산되는 전 과정을 지켜볼 수 있었던 구미공장 견학은 한 사람의 소비자로서 아주 소중한 체험이었다. 라면 공장에 관한 편견과 오해를 풀었고 지금까지 몰랐던 새로운 사실들에 대해 많이 배울 수 있었다. 라면을 좋아한다면, 그리고 라면의 생산 과정이 궁금하다면, 또 공짜로 제공되는 선물이 탐난다면, 한 번쯤 구미공장을 견학해봐도 좋을 것이다. 라면이 생산되는 과정을 직접 지켜보게 되면 여러 가지 흥미로운 제조 과정들을 알 수 있다. 라면이 어떻게 만들어지는지 안 뒤에 먹는 라면의 맛 또한 더욱 풍성해질 것이다.

라면완전정복 평점 정리표

평점 5점 만점을
기준으로

그동안 국내외의 여러 라면들을 먹어보고 평가했던 점수를 모아 정리해본다. 초기에는 10점 만점 기준으로 평점을 매기다가 후에 독자들의 의견을 반영하여 평점을 5점 만점으로 조정하였다. 여기 정리된 최종 점수는 이전에 블로그와 포털사이트 특집을 통해 매겼던 평점과 조금 달라졌다는 것을 미리 밝혀둔다.

라면완전정복 특집을 연재할 때 많은 구독자들이 평점에 대해, 처음에는 쉽게 공감할 수 없었지만 직접 라면을 먹어보고 나서는 그 점수가 이해되었다고 말했다. 그렇긴 해도 여기 정리된 라면에 대한 점수는 나의 개인적 취향이 반영된 것이기에, 각자의 입맛이 다를 수밖에 없는 독자분들께서는 참고로만 해주길 바란다.

앞으로도 계속 나의 블로그를 통해 새로 나오는 라면에 대한 평점을 업데이트할 예정이니, 최신 평점 정리표가 궁금하다면 아래 QR코드를 참고하기 바란다.

http://blog.naver.com/pikich89/220904532118

제품명	최종 평점	1차 평점	2차 평점
가쓰오 우동 왕뚜껑	3.6	3.6	
가쓰오 유부우동	3.8	3.8	
간짬뽕	4.4	4.5	4.2
간짬뽕 뿌글이	4.6	4.3	4.6
간짬뽕 큰컵	4.2	4.4	
감자로 만든 채식라면	3.8	3.8	
감자면	4.6	4.6	
갓비빔	3.2	3.2	
갓짜장	3.5	3.7	
갓짜장 큰컵	3.6	4	
갓짬뽕	4	4.6	
갓짬뽕 큰컵	3.4	3.4	
강레오셰프의 김치찌개라면	4	4.2	
강레오셰프의 부대찌개라면	3	3	
강릉 교동반점 직화짬뽕	3.4	3.9	
강릉 교동반점 짬뽕	4.3	4.6	4.3
강호동의 화끈하고 통큰라면	3.8	4.2	
고추송송사골	단종	3.4	
고추짜장	단종	4.2	
고추참치라면	3	3	
공화춘 삼선짬뽕	4	4.3	3.9
공화춘 삼선짬뽕 용기(大)	4	4.3	

공화춘 아주매운짬뽕	4.2	4.2	
공화춘 아주매운짬뽕 용기(大)	4	4.6	4
공화춘 짜장	3.7	3.7	
공화춘 짜장 뽀글이	3.7	4	
공화춘 짜장 용기(大)	3.7	4.1	
국물자작 라볶이	3.6	3.9	
국물자작 치즈커리	4.6	4.6	
굴매생이라면	3.2	3.2	
기스면	단종	4.4	
기스면 용기	단종	4.2	
김치 도시락	3.5	3.5	
김치 사발면	3.7	3.9	4.1
김치 왕뚜껑	3.7	3.9	
김치 큰사발	3.7	3.7	4
김치라면(삼양)	3.5	4.1	3.2
김치라면(오뚜기)	3.5	3.8	
김치면 큰컵	3.7	4.2	
꼬꼬면	4	3.8	
꼬꼬면 왕컵	4	4.2	
꽃게짬뽕	4.2	4.2	
꽃새우짬뽕	단종	3.3	

ㄴ

제품명	최종 평점	1차 평점	2차 평점
나가사끼짬뽕	4.5	4.5	4.4
나가사끼짬뽕 큰컵	4.3	4.3	
나가사끼홍짬뽕	4.6	4.5	4.6
남자라면	4.4	4.5	
너구리(순한)	4	4.4	3.5
너구리(얼큰한)	4.2	4.0	4.3
너구리(얼큰한) 큰사발	3.9	3.9	
너와함께라면 마늘라볶이	단종	4.6	
너와함께라면 얼큰참깨맛	단종	4.1	
놀부 부대찌개라면 왕컵	3.8	4.4	

ㄷ

제품명	최종 평점	1차 평점	2차 평점
도시락 사발면	3.8	4.2	4
도시락 사발면(김치)	3.6	3.5	
도시락 사발면(라볶이)	3.8	4.2	
도전 하바네로 라면	3.8	3.8	
도전 하바네로 라면 뽀글이	3.8	4.2	
도전 하바네로 라면 용기	4.2	4.5	4.5

제품명	최종 평점	1차 평점	2차 평점
도전 하바네로 컵짜장	4.5	4.7	
도전 하바네로 짬뽕	4.4	4.4	
동원참치라면	2.8	2.8	
된장라면(삼양)	3.4	3.6	
드레싱누들 오리엔탈 소스 맛	2.8	2.8	
드레싱누들 참깨 소스 맛	2.8	2.8	

ㄹ

제품명	최종 평점	1차 평점	2차 평점
라땡면 치즈라면	3.4	3.6	
라면볶이 컵	4	4.2	
라면볶이 큰컵	4	3.7	4.2
라밥 사골곰탕	3.6	3.6	
라밥 얼큰쇠고기	3.4	3.6	
라밥 해물짬뽕	3.8	4.2	
라볶이(팔도)	4.2	4.3	4.2
롯데라면 용기(大)	3.6	4.1	4.1

제품명	최종 평점	1차 평점	2차 평점
맛있게 매운라면	3.2	3.2	
맛있는라면	4.4	4.6	
맛있는라면 큰컵	4.4	4.5	
맛짬뽕	4	3.8	
맛짬뽕 큰사발	3.4	3.6	
맵시면	3.4	3.4	
메밀비빔면	4	4	4.3
메밀소바	3.6	3.2	
면왕 500	단종	4.2	
멸치칼국수	3.8	3.6	
멸치칼국수 뽀글이	4	4.3	
모듬 해물탕면	3.8	3.9	
무농약 우리밀로 만든 짬뽕라면	3.2	3.4	
무파마탕면	4.4	4.5	4.3
무파마탕면 큰사발	4.4	4.5	
미니 왕뚜껑	3.4	3.8	

ㅂ

제품명	최종 평점	1차 평점	2차 평점
바지락칼국수	4	4	
밥말라 계란콩나물라면	3.8	3.8	
밥말라 부대찌개라면	3.6	3.7	
밥말라 육개장칼국수	3	3.2	
배터질라면 해물맛	단종	3.9	
보글보글 부대찌개면	4.4	4.4	
볶음진짬뽕	4	3.8	
볶음진짬뽕 큰컵	4.4	4.4	
봉희 설렁탕컵	3.4	4.1	3.6
부대찌개라면(오뚜기)	4.4	4.4	
부대찌개라면(팔도)	4.4	4.4	
북경짬뽕	3.4	3.5	3.4
불고기비빔면	3.2	4.1	3.1
불낙볶음면	단종	4.3	4
불낙볶음면 뽀글이	단종	4.5	
불닭볶음면	4.6	4.8	4.2
불닭볶음면 뽀글이	4.4	4.8	3.6
불닭볶음면 컵	4.6	4.8	
불닭볶음면 큰컵	4.6	4.5	
불닭볶음탕면	3.8	4	
불짬뽕	4	4	
불짬뽕 왕컵	4.2	4.4	

불타는 짜장	3.5	3.5	
비빔면(팔도)	4.1	4.1	
비빔면 뽀글이(팔도)	4.1	4.1	
비빔면 치즈컵(팔도)	4.2	4.2	
비빔면 큰컵(팔도)	4.2	4.3	
빅3 볶음김치면	4.2	4.2	
뽀로로 짜장	3.5	3.7	
뽕신 마뽕 큰컵	3.6	3.8	

ㅅ

제품명	최종 평점	1차 평점	2차 평점
사리곰탕면	4.2	4	4.4
사리곰탕면 뽀글이	3.8	3.9	
사리곰탕면 작은컵	4.4	4.6	
사리곰탕면 큰사발	4.4	4.5	
사천짜파게티	4.2	4.3	4.2
사천짜파게티 뽀글이	4.2	4.3	
사천짜파게티 큰사발	4	4.1	
삼양라면	3.6	3.8	4
삼양라면 뽀글이	3.6	4.2	
삼양라면 작은컵	3.8	4.3	
삼양라면 큰컵	3.8	4.2	

새우탕 큰사발	3.8	3.9	
새우탕면(오뚜기)	3.6	3.7	
속초홍게라면	3.8	4.4	4
손짜장	4	4.1	
손짬뽕	3.6	3.9	
손칼국수	3.2	3.8	3
쇠고기면	3.2	3.9	
수타면	4.2	4.3	
순창고추장찌개라면	4.4	4.4	
순한 너구리	3.6	4.4	3.5
스낵면	3.6	3.5	
스낵면 컵	4	4.2	
스낵면 큰컵	3.8	3.9	
스파게티면	4	3.5	4.1
신라면	4	4	4
신라면 작은컵	4.2	4.4	
신라면 큰사발	4	4.4	
신라면 블랙	4.4	4.4	
신라면 블랙컵	4.2	4.4	

제품명	최종 평점	1차 평점	2차 평점
아라비아따	4.4	4.4	
안성탕면	3.5	3.5	3.7
야채라면	4.2	4.2	
어묵탕면	단종	4.5	
얼큰한 너구리	4.2	4	4.3
얼큰한 너구리 큰사발	4	3.9	
얼큰한 맛으로 소문난 라면	3.2	3.4	
열떡볶이면	4.4	4.5	
열라면	3.6	3.5	3.4
열라면 컵	4	4.1	
열라면 큰컵	4	4.4	
열무비빔면	3.4	3.4	
옛날잡채	3.2	3.4	
옛날잡채 용기	3.2	3.4	
옛날잡채 매콤한맛 용기	3.8	4	
오다리라면 어묵맛	단종	4.1	
오다리라면 치즈맛	4.2	3.4	4
오다리라면 화끈한맛	단종	4.1	
오동통면 얼큰한맛	4	4	3.8
오동통면 얼큰한맛 큰컵	4	4.4	
오모리 김치찌개라면(봉지)	4.2	4.1	
오모리 김치찌개라면 큰컵	4.2	4.3	3.8

오징어 먹물짜장	3.8	3.8	
오징어짬뽕	4.2	3.8	4
오징어짬뽕 뽀글이	4.2	4.2	
오징어짬뽕 큰사발	4.2	4.4	
왕뚜껑	3.8	4.1	
왕뚜껑 S	3.4	3.8	
왕뚜껑 미니	3.2	3.8	
왕뚜껑 해물철판볶음면	4.4	4.6	
우육탕 큰사발	4	4.2	3.8
우육탕면	4.2	4.4	4.2
유부우동 큰컵	4	4.4	
육개장 봉지(농심)	3.2	3	
육개장 봉지 뽀글이(농심)	3.6	4.1	
육개장 사발면(농심)	3.6	3.7	3.9
육개장 사발면(오뚜기)	3.8	3.9	4.1
육개장 사발면(삼양)	3	3.6	
육개장 큰컵(오뚜기)	4	4	
육개장 큰사발(농심)	3.8	4.1	
육개장칼국수(풀무원)	4.6	4.6	
일품 짜장컵	4	4.3	
일품 해물라면	4	4.2	
일품 해물왕컵	4	4.2	
임실치즈라면	3.6	4	

제품명	최종 평점	1차 평점	2차 평점
종가집 김치찌개라면	4.2	4.4	
즉석 라볶이	4.2	4.3	4.2
진라면 매운맛	3.8	4	
진라면 매운맛 뽀글이	3.8	4.2	
진라면 매운맛 작은컵	4	4.4	
진라면 매운맛 큰컵	3.8	4.1	
진라면 순한맛	3.6	4.1	
진라면 순한맛 작은컵	3.8	4.3	
진짜장	4	3.7	
진짜장 큰컵	4.2	4.4	
진짜진짜라면	4.4	4.3	
진짬뽕	4.4	4.3	
진짬뽕 큰컵	4	4.2	
짜왕	4	3.9	4
짜왕 큰사발	3.8	4.2	3.6
짜장면(팔도)	3.8	3	4.2
짜장면 왕컵(팔도)	3.8	4	
짜짜로니	3.6	3.9	
짜파게티	4	3.8	3.8
짜파게티 뽀글이	4	3.9	
짜파게티 범벅	3.8	3.7	3.8
짬뽕 왕뚜껑	4	4.2	
쫄비빔면	3.3	3.5	

ㅊ

제품명	최종 평점	1차 평점	2차 평점
찰비빔면	3.2	3.1	
참깨라면	4.6	4.5	4.6
참깨라면 뽀글이	4.4	4.4	
참깨라면 큰컵	4.2	4.4	
청양고추라면	3.6	4.2	
체다, 까망베르 블루치즈면	3.6	3.7	
치즈 불닭볶음면	4.8	4.8	
치즈 불닭볶음면 뽀글이	4.8	4.8	
치즈 불닭볶음면 큰컵	4.6	4.6	
치즈볶이 큰컵	4	3.7	4.1
치즈볶이 작은컵	4	3.7	
치즈신탕면	4	4	
치즈쏙 매운볶음면	4.4	4.6	

ㅋ

제품명	최종 평점	1차 평점	2차 평점
카레라면	4.4	4.4	
카레라면 뽀글이	4	3.9	
컵누들 계란탕맛	단종	3.9	
컵누들 김치잔치국수	3.8	3.6	
컵누들 똠양꿍쌀국수	2.8	2.8	
컵누들 매운찜닭맛	단종	4.5	
컵누들 매콤한맛	4.2	4.2	
컵누들 매콤한맛(큰컵)	단종	4.2	
컵누들 베트남쌀국수	4.4	4.4	
컵누들 새우탕맛	단종	4.3	
컵누들 우동맛	3.4	3.9	3
컵누들 잔치국수	3.6	4.2	3.4
콕콕콕 라면볶이	3.8	3.7	
콕콕콕 스파게티	4	4.1	
콕콕콕 짜장볶이	3.8	3.9	
콕콕콕 치즈볶이	4	3.7	4.1
콩나물뚝배기	4	4	
쿨 불닭볶음면	3.8	4	
큰김치 큰사발면	3.4	3.4	
큰튀김우동 큰사발면	3.6	3.4	
클래식 삼양라면 큰컵	3	3	

ㅌ

제품명	최종 평점	1차 평점	2차 평점
탄탄면	3.8	3.8	
튀김우동 큰사발(농심)	4	4.4	4
튀김우동 큰컵(오뚜기)	3.6	3.9	3.4
틈새라면	4	3.8	
틈새라면 작은컵	4.2	4.5	
틈새라면 왕컵	4	4.3	3.9

ㅍ

제품명	최종 평점	1차 평점	2차 평점
파송송사골	단종	3.2	
팔도비빔면	4.2	4.1	
팔도비빔면 뽀글이	4	4.1	
팔도비빔면 치즈컵	4	4.2	
팔도비빔면 큰컵	4	4.3	
포장마차우동 얼큰한맛	3.6	3.7	
피자비빔면	단종	2.7	

ㅎ&기타

제품명	최종 평점	1차 평점	2차 평점
하모니	단종	4.3	4.1
한우특뿔면	4	4.2	
해물된장라면	3.4	3.4	
해와인 양파라면	4.4	4.4	
허니치즈볶음면	4	4	
홈플러스컵라면	3	3.4	
홍석천's 홍라면 매운치즈볶음면	4.4	4.3	
홍석천's 홍라면 매운치즈볶음면 용기	4.4	4.4	
홍석천's 홍라면 매운해물볶음면 용기	4	4.2	
후루룩칼국수	4.4	4.4	
후루룩칼국수 뽀글이	3.8	3.9	
후루룩국수	3.6	4.2	3.4
55번지 오짬	3.2	3.2	

일본 라면

제품명	최종 평점
CGC 쇼유라멘	3.4
CGC 시오라멘	4.2
CGC 야끼소바 용기면	3.6
닛신 UFO 명태알마요	2.7
닛신 UFO 야끼소바	4
닛신 돈베이 카레우동	3.4
닛신 야끼소바 컵라면	4
닛신 치킨라멘	2.7
닛신 치킨라멘 용기	3
닛신 컵누들 77g	3.8
닛신 컵누들 치즈커리 85g	4.5
닛신 컵누들 커리 87g	3.8
닛신 컵누들 씨푸드 75g	3
로손편의점 PB 미소라멘	4.2
로손편의점 PB 쇼유라멘	3.4
로손편의점 PB 시오라멘	2.7
마루짱 세이멘 미소맛	3.8
마루짱 세이멘 쇼유맛	3.6
마루짱 세이멘 쇼유맛 용기 111g	4
삿포로 이치방 미소라멘	3.4
삿포로 이치방 쇼유라멘	4.6
삿포로 이치방 시오라멘	4.4

삿포로 이치방 야끼소바	4.4
삿포로 이치방 포켓몬라면 간장맛	4
삿포로 이치방 포켓몬라면 해물맛	3.2
세븐일레븐 PB 쇼유라멘	3.6
세븐일레븐 PB 씨푸드	3.4
세븐일레븐 PB 커리라멘	3.8
에이스쿡 와카메라멘 참깨간장맛	4
훼미리마트 PB 중화소바	2.4
훼미리마트 PB 짬뽕	3.4
훼미리마트 PB 탄탄멘	3.8

부록 2
우리 라면의 역사와 미래

- 농심
- 삼양식품
- 오뚜기
- 팔도

1
농심라면의 탄생 배경

국내기술로 개발한 한국 최초의 라면,
농심 라면 사업의 시작을 열다

　라면 사업을 시작한 1965년, 당시 시장 상황은 후발주자인 농심에 호락호락하지 않았다. 이미 삼양식품이 일본 묘조식품으로부터 기술 원조를 받아 국내에 처음으로 라면을 판매하고 있는 실정이었다.

　농심(당시 롯데공업주식회사)의 창업주인 신춘호는 '우리 제품은 우리 손으로 개발하자'를 모토로 창업과 동시에 연구소를 만들었으나 개발 과정은 쉽지 않았다. 의지할 데라고는 식품 연구서적 몇 권과 여기저기서 귀동냥한 정보뿐이었다.

　펄펄 끓는 무쇠솥에 손을 데길 수차례, 원하는 맛을 내기 위해 삼시 세끼 라면만 먹어가면서 개발에 몰두한 끝에 1965년 12월 19일, 순수 우리 기술로 개발한 '롯데라면'이 세상에 첫 선을 보였다. 자력으로 제품을 개발하기 위해 설립한 연구소는 마침내 일본에 의지하지 않고도 독자적인 라면 개발 능력을 갖추게 되었을 뿐 아니라 훗날 여러 업체와

농심은 독자적인 연구력을 바탕으로 한국인의 입맛에 맞는 제품을 꾸준히 개발해왔다.

의 경쟁에서 앞서는 기반이 되었다.

사명 변경의 단초가 되었던 '농심라면'

창업당시 '롯데공업㈜'이라고 칭하였으나 1978년 3월 6일 '㈜ 농심'으로 상호를 변경했다. 당시 신춘호 사장은 연수회에서 "농심은 곧 천심입니다. 농심을 저버리는 것은 천심을 거역하는 것입니다."라는 말에 감명을 받았다고 한다. 그래서 '농심'의 의미를 새기며 '농심라면'을 출시하였고, 회사명 때문에 롯데그룹 계열사로 오해받아 새로운 이름을 물색하던 중 때마침 이 제품이 빅 히트를 치자 1978년 3월 6일 '농심農心'으로 회사명을 바꾸었다.

말 그대로 농심은 '농부의 마음'이다. 뿌린 만큼 거둔다! 단순 소박하나 정직하고 인정이 넘치는 마음, 겸허하고 봉사하는 농부의 마음으로 경영하겠다는 기업철학을 반영하고 있다.

지구 최남단 칠레 푼테아레나스의
'신라면집'을 찾은 현지 학생들

**"라면은
농심이 맛있습니다"**

신라면, 안성탕면, 짜파게티, 너구리, 육개장 사발면은 물론 짜왕과 보글보글 찌개면까지, 농심은 그 막강한 파워브랜드로 1985년 이후 굳건하게 국내 라면시장 1위를 지켜오고 있다. '가장 한국적인 맛이 세계적인 것이다'라는 철학을 고수해온 토종기업 농심은 국내뿐 아니라 미국과 중국의 해외 생산기지를 기반으로 글로벌 판매네트워크를 구축하며 전 세계 100여 개국에 라면을 수출하고 있다.

2
농심라면의 역사

한국인의 입맛에 맞춘
농심의 라면 개발

자체 기술개발 능력을 갖춘 농심은 1970년 2월, 서민들의 대표 외식메뉴였던 짜장면을 인스턴트 라면으로 개발하여 인기를 끌었고 같은 해 10월에는 '소고기라면'을 내놓았다.

당시까지 일본 라면의 영향을 받은 한국 라면들은 치킨을 기반으로 한 국물 맛 일색이었다. 한국인의 입맛에 맞는 소고기라면이 크게 인기를 끌면서 삼양식품에서도 '쇠고기라면'이 연이어 출시되었고 이후 쇠고기 국물 맛을 중심으로 한 한국 라면만의 특징이 구축되었다.

1975년 '농심라면' 출시와 더불어 "형님 먼저, 아우 먼저"라는 광고 카피가 화제를 낳았다. 형과 아우가 밤사이 서로

소고기/ 해장국 라면. 세계식품콘테스트에서 금상을 받으며
독특한 맛과 품질을 인정받았다.

의 논에 자신이 추수한 볏단을 몰래 가져다놓는다는 내용의 전래동화
『의좋은 형제』에서 모티브를 따왔다. 소고기라면, 농심라면의 히트로
1970년대 중반 무렵에 농심의 라면시장 점유율은 35%대를 기록했다.

농심은 1982년, 원재료의 맛을 그대로 분말스프화하기 위해 안성
에 연속진공건조(CVD) 방식의 설비를 갖춘 스프 전문공장을 세웠다.
당시 전 세계 라면업계에서는 유례가 없던 첨단 스프제조방식이었다.

스프 공장을 위한 대규모 투자는 아직까지도 농심 역사상 빼놓을 수 없는 '신의 한 수'로 평가되고 있다.

월등한 국물 맛과 품질을 바탕으로 80년대부터 농심의 베스트셀러 브랜드들이 등장하기 시작했다. 사발면(1981), 너구리(1982), 안성탕면(1983), 짜파게티(1984)가 매해 히트상품으로 탄생했고, 더불어 라면시장 또한 급속하게 커졌다. 급기야 1985년에는 국내 라면시장 점유율 40%를 넘어서면서 업계 1위로 올라섰다. 그리고 마침내 1986년 10월, 대한민국 대표 라면이라고 할 수 있는 '신라면'이 등장했다. 대부분 순한 맛 위주였던 당시 라면들과 달리 다대기에서 힌트를 얻어 한국인의 입맛에 충실한 '매운맛'을 제대로 구현한 것이 인기의 비결이었다. 또한 1988년에 '사리곰탕면'이 출시되면서 농심은 오늘날까지도 많은 판매가 이루어지고 있는 유명−히트작 라인업을 완성했다. 1988년 농

| 1981 | 1982 | 1983 | 1984 | 1986 | 1988 | 1989 |
| 사발면 | 너구리 | 안성탕면 | 짜파게티 | 신라면 | 사리곰탕면 | 새우탕/우육탕큰사발면 |

80년대 농심의 히트라면들

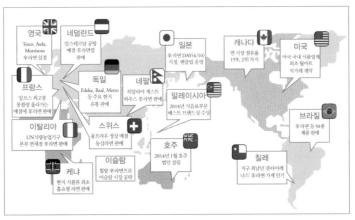

신라면 주요 수출국가

심의 시장 점유율은 50.6%였다.

1990년대로 넘어오자 좀 더 큰 용량의 큰사발면류가 인기를 끌었고 냉동면, 냉장면, 생면 등 새로운 형태의 라면이 등장하면서 라면시장은 다양화를 이루었다. 신라면 큰사발, 튀김우동 큰사발, 오징어짬뽕, 생생우동 등이 이 시기에 출시되었다. 한편, 90년대는 농심이 중국상해와 청도에 공장을 준공하며 중국사업의 기반을 다져나가는 시기이기도 했다. 이후 2000년대 들어서는 중국 선양과 미국 LA에 생산시설을 준공하며 수출을 확대했다. 현재 농심의 라면 수출국은 전 세계

100여 개국에 이른다.

2007년, 웰빙문화의 큰 흐름 아래 농심은 미래를 위한 준비로 웰빙 건면 전문공장인 녹산공장을 세우고 둥지냉면과 뚝배기 등 고품질 쌀면을 선보였다. 2010년대에 들어서는 소비자의 입맛이 점차 고급화되고 있는 데 발맞추어 신라면 블랙을 시작으로 짜왕, 맛짬뽕, 보글보글 부대찌개면 같은 프리미엄 라면으로 새로운 시도를 계속하며 시장을 개척해나가고 있다.

농심의 R&D센터에서는 140여 명의 연구원들이 지금도 식품의 맛과, 믿고 먹을 수 있는 안전성 및 새로운 특징을 연구하고 있으며, 통상적으로 연 5개 내외의 라면 신제품을 매년 출시하고 있다.

한국화된 용기면, '사발면'

한국 최초의 컵라면은 1972년 삼양식품에서 내놓은 '삼양 컵라면'. 하지만 당시 컵라면은 우리나라에서 매우 생소했기에 곧 단종됐다. 그로부터 9년 뒤인 1981년, 농심에서 사실상 용기면의 시초인 '사발면'을 출시했다. 농심은 첫 용기면을 당시 일본시장에서 통용되는 '컵면' 형태가 아닌 우리 국민에게 친숙한 '국사발' 모양을 그대로 본 떠 만들었다. '사발면'이라는 한국적인 제품은 국민들에게 큰 거부감 없이 받아들여졌다. 손에 들고 먹는 음식이라기보다는, 상 위에 놓고 먹을 수 있는 '사발'에 주안점을 두어 한국적인 요소를 살린 것이 시장 정착의 비결이었다. '육개장 사발면'은 현재 용기면 시장 점유율 1위를 차지하고 있다. 이후 농심은 사발면 형태를 유지하며 큰사발 브랜드의 대용량용기면, 컵면 시장으로 그 영역을 순차적으로 확대해갔다.

3
포장 변천사 및 제품 비하인드 스토리

생활 밀접형
농심 마케팅

농심은 기업 브랜드보다 개별 제품 브랜드를 중심으로 제품의 속성과 특징을 알리는 마케팅 및 광고를 진행해왔다. 장수 브랜드인 신라면, 너구리, 짜파게티 등은 광고 카피와 CM송만 들어도 알 수 있을 만큼 초기의 광고캠페인을 지속적으로 이어오는 것으로 유명하다.

제품 특징을 직접 묘사하는 브랜드 작명

농심의 제품 브랜드들은 '소고기라면', '무파마'와 같이 원재료를 직접 브랜드명에 사용하거나, '신라면'과 같이 맛을 표현한다든가 '둥지냉면'과 같이 모양을 직접 묘사하는 등 이해하기 쉬우면서도 직관적으로 지어진 제품명이 많다. 신춘호 농심 회장이 제품명과 광고 콘셉트 개발에 직접 참여하는 것으로 알려져 있는데, 동물을 브랜드로 내세운 '너구리'처럼, 식품업계에서 이전에는 시도해본 적 없는 작명법으로 지은 제품명이 농심에 유난히 많은 이유이기도 하다.

농심의 광고는 제품 안에 있다

농심은 '광고가 제품을 앞서서는 안 된다'라는 광고철학을 가지고 있다. 이러한 광고철학을 지키기 위해 농심 광고들은 초현실적이거나 비정상적인 소재를 사용해 눈길을 끌기보다는 소탈하고 친근감 있는 장면을 연출하여 제품의 속성을 드러내는 내용이 주를 이룬다. 과거 농심라면의 "형님 먼저 아우 먼저", 신라면의 "사나이 울리는 신라면", 생생우동의 "국물이, 국물이 끝내줘요" 등이 잘 알려져 있다.

4
농심라면의 미래

**편의성과 다양성
그리고 농심의 라면 2025**

　최근 1인 가정이 증가하는 추세에 있을 뿐 아니라 자신만의 스타일을 추구하고 편리성을 중요시하는 사회 트렌드, 늘어나는 편의점 유통환경으로 국내 면류 시장에서 용기면이 점차 확대되고 있다. 이와 함께, 면과 건더기를 차별화하고 영양을 강화한 고급 용기면 시장도 계속 늘어날 전망이다.

쌀면/ 냉면 등 웰빙건면을
생산하는 첨단 자동화 공장(녹산)

　이러한 흐름에 발맞춰 농심은 웰빙면 제조시설을 완비한 녹산공장
을 시작으로 앞으로의 시장변화를 미리 준비하고 있다. 또한 현대인의
다양한 취향에 부합되는 프리미엄 제품들을 개발함은 물론 용기면을
중심으로 편리성을 높일 수 있는 제품을 연구하여 선보일 계획이다.

　한편 세계인을 대상으로 한국의 맛을 담은 라면을 끊임없이 전파하
는 것도 중요한 비전으로 삼고 있다. 한국음식의 맛을 담을 수 있는 독
자적 쌀면 제조기술뿐 아니라, 누구나 쉽게 어디서든 조리가 가능한 1
인분 둥지냉면 등 전 세계에 우리의 맛을 수출할 수 있도록 대규모 생
산라인을 10여 년 전부터 준비하여 현재 거의 완비단계에 와 있다. 앞
으로 한국의 매운맛 신라면과 함께 우리나라 대표 음식들을 전 세계에
수출하는 농심의 모습을 기대해봐도 좋을 것이다.

SAMYANG

1
삼양라면의 탄생 배경

삼양라면의 출발은 인간에 대한 따뜻한 애정에서부터 비롯되었다. 삼양식품의 창업자인 전중윤 명예회장은 1960년대 초 남대문시장에서 '꿀꿀이죽'을 사먹기 위해 장사진을 치고 있는 노동자들을 목격했다. 먹을 것이 없어 미군이 버린 음식을 끓여 한 끼를 때우는 비참한 모습을 보고, 식량난 해결과 인간의 존엄을 위한 방안을 모색했다. 그 묘안은 바로 '라면'이었다.

전중윤 명예회장은 50년대 말 보험회사를 운영하며 일본에서 경영 연수를 받을 때 맛보았던 라면을 떠올렸다. 전 명예회장은 라면의 국내 도입이야말로 식량 자급화가 되지 않는 실정에서 유일한 해결책이라 판단했고, 일본의 묘조(明星)식품으로부터 기계와 기술을 도입하여 마침내 1963년 9월 15일 국내 최초로 라면을 탄생시켰다.

전중윤 명예회장

당시 일본 라면들의 중량은 85그램이었지

만, 배고픔을 조금이라도 줄이기 위해 삼양라면은 100그램으로 출시했다. 가격도 꿀꿀이죽이 5원이었던 것을 감안해 많은 사람들이 라면을 먹을 수 있도록 최대한 낮추어 10원으로 책정했다.

라면을 생산하기까지 힘든 과정을 거쳤지만 전 명예회장은 식량난을 해결하는 데 있어서 사명감과 믿음을 지니고 있었다. 하지만, 국민의 반응은 냉담했다. 오랫동안 이어져온 쌀 중심의 식생활이 하루아침에 밀가루로 바뀌기란 쉽지 않았고, 심지어 라면을 옷감이나 실, 플라스틱 등으로 오해한 경우도 있었다. 이에 삼양식품 전직원과 가족들은 직접 극장이나 공원 등에서 무료시식 행사를 열어 라면을 알리는 데 주력했다.

이러한 노력으로 삼양라면은 점차 국민들의 입맛을 끌어당기기 시작했다. 때마침 1965년 식량 위기를 해결하기 위한 방안으로 정부에서 혼분식 장려 정책을 실시하였고, 삼양라면은 10원으로 간편하게 그리고 영양 면에서도 부족함 없이 한 끼 식사를 해결할 수 있다는 최대의 장점을 내세움으로써 날개 돋친 듯 팔려나가기 시작했다.

2
삼양라면의 역사

1963년 삼양식품이 삼양라면을 처음 생산할 때만 하더라도 일본 묘조
식품의 제조기술을 그대로 도입하여 모방하는 데 그쳤다. 원료 배합,
제품 생산은 물론 포장에 이르기까지 전 공정을 독자적으로 수행할 만
한 여력이 없었기 때문이다. 하지만 같은 동양권일지라도 한국인과 일
본인의 입맛은 미묘한 차이가 있었다. 특히 향신조미료에 대한 기호(嗜
好)의 차가 분명했는데 한국은 마늘, 고춧가루 등을 선호했고 일본은
후추, 산초 등을 선호했다.

이러한 점을 분명히 인식하고 있었던 삼양식품의 고故 전중윤 명예
회장은 초기 제품 출시 이후 한국인의 입맛에 맞는 라면 맛을 찾기 위
해 노력하였고, 1966년에는 실험실을 발족하여 한국식 스프 개발에
본격적으로 나섰다.

이 실험실은 연구실로 확장되었으며, 삼양식품은 라면의 품질개선
에도 연구를 진행시킴으로써 품질을 높이고 다양화하기에 이르렀다.
계속되는 제품 개발과 함께 1969년부터 본격적인 제품 다양화 시대에

접어들면서 삼양식품은 1970년 종합식품업체로 발돋움하였다.

우리나라 최초의 라면,
삼양라면

1963년 9월 15일, 삼양식품은 최초의 라면인 '삼양라면'을 대중에게 선보였다. 닭고기 육수를 기반으로 만든 최초의 라면은 먹을 것이 풍족하지 않던 시절에 소중한 한 끼 식사를 대체할 수 있는 음식으로 인식되었고, 쌀에 이은 제2의 주식으로 자리잡았다.

시간이 지나면서 대중들의 입맛이 변해감에 따라 삼양라면의 맛도 변화해갔다. 맑은 닭고기 육수 대신 부대찌개 베이스에 햄 맛을 추가한 삼양라면이 등장했고, 이는 곧 '라면' 했을 때 떠오르는 가장 기본적인 맛으로 인식되었다.

1963년부터 50년이 넘는 세월 동안 소비자의 입맛에 따라 조금씩 변화를 거듭해온 삼양라면은 지금까지도 변함없이 많은 사랑을 받고 있다.

하얀 국물 라면의 시초,
나가사끼짬뽕

처음 나온 하얀 국물 라면이 P사
의 꼬꼬면이라고 많은 사람들이 생각하지
만, 그보다 한 달 빠른 2011년 7월 22일,
삼양식품에서는 하얀 국물 라면의 시초인
'나가사끼짬뽕'을 출시했다. 돼지 뼈 육수
의 진하고 깊은 맛과 해물의 시원한 맛이
조화를 이룬 국물에 청양고추의 칼칼한

맛을 더한 나가사끼짬뽕은 출시 후 얼마 되지 않아 소비자들의 입맛을
사로잡았다. 빨간 국물이 대세를 이루고 있던 당시 라면시장에서 하얀
국물 라면이라는 새로운 트렌드를 만들며 출시 6개월 만에 1억 개가
넘게 팔리는 기록을 세웠다.

하얀 국물 라면 트렌드를 이어가며 꾸준히 사랑받고 있는 나가사끼
짬뽕은 2016년 리뉴얼을 통해 풍부한 맛을 더했다. 푸짐한 후레이크
와 더욱 쫄깃해진 면발, 깊어진 육수의 맛으로 한층 업그레이드된 나
가사끼짬뽕을 선보이며 다시 한 번 트렌드를 이끌어갈 전망이다.

불닭볶음면 시리즈

전 세계를 사로잡고 있는 불닭볶음면은 삼양식품 김정수 사장의 아이디어로 탄생하게 되었는데, 우연히 매운 음식을 먹기 위해 줄을 서서 기다리는 사람들을 보고 맛있게 매운 라면을 만들면 어떨까 하는 생각을 했다고 한다. 2011년 당시에는 국물 라면이 인기를 끌고 있었지만, 한국적인 매운맛의 볶음면을 만들어보자는 김정수 사장의 아이디어를 바탕으로 '매운맛', '닭', '볶음면'을 모티브로 한 제품을 개발하기 시작했다. 매운맛으로 소문난 전국의 맛집을 돌아다니며 시식을 하는 동시에 나라별로 매운 고추를 연구하여 '맛있게 매운 소스'를 만들기 위해 노력했다. 그렇게 매운 소스 2톤과 닭 1,200마리가량을 소비하고 1년여간의 연구 끝에 마침내 불닭볶음면이 탄생하게 되었다.

모디슈머 열풍을 불러일으킨 불닭볶음면

은 국내시장뿐 아니라 해외시장에서도 많은 사랑을 받고 있으며, 불닭볶음면 시식 영상이라든지 조리 영상 등이 유튜브나 SNS를 통해 끊임없이 퍼져나가고 있다.

2012년 4월에 선보인 불닭볶음면을 시작으로 2016년 3월 치즈 불닭볶음면, 6월 쿨 불닭볶음면, 8월 불닭볶음탕면을 출시하여 그 브랜드를 이어가고 있다.

3
포장지 변천사 및 제품 비하인드 스토리

삼양라면 패키지 변천사

1963년 최초의 삼양라면은 닭고기 육수를 기반으로 생산되었는데, 당시에는 현실적으로 소나 돼지를 사용하여 육수 맛을 낼 만한 원료의 조달이 어려웠을 뿐만 아니라 생산원가 측면을 고려하지 않을 수 없었다. 이 같은 상황에서 포장 패키지에 닭 이미지를 사용한 것은

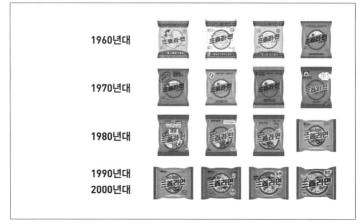

1960년대				
1970년대				
1980년대				
1990년대 2000년대				

포장지 변천사

당연했다. 게다가 포장용대의 경우, 한국의 식품포장기술과 포장용 자재가 미흡한 상태였기에 묘조식품에서 사용하는 패키지 120만포를 수입하여 사용했다. 첫 생산 이듬해인 1964년부터 닭 이미지 대신 원 모양의 패키지 상품을 출시했다.

현재와 같은 패턴의 포장이 나오기 시작한 것은 70년대 초반이다. 이때의 포장은 지금과 거의 흡사한데, 주황색 바탕에 빨간 원을 그렸고 '삼양라면'이라는 로고 타입도 한결 다듬어진 서체를 사용했다. 그후 1976년, 78년, 83년 등 여러 차례 변화가 있었으나 제조기술 발전에 따른 맛의 변화를 표기하는 정도로만 바뀌었다.

1994년, 맛을 강화해 재출시하면서 세로 포장이던 것을 가로 형태로 바꾸고, 원 안에는 요리되어 있는 라면 사진을 넣었다. 굴림을 준 부드러운 서체의 로고 타입과 테두리에 금테를 두른 모양으로 품질과 가격에 맞는 고급스러움을 표현했다.

2009년 이후
광고 이야기

젊은 세대에 친근하게 어필하기 위해 광고모델로 '소녀시대' 발탁

2009년, 10~20대 젊은 층에 보다 친근하게 다가가기 위해 소녀시대를 모델로 발탁했다. "친구라면, 삼양라면" 콘셉트로 소녀시대 멤버들이 '보글보글' 송에 맞춰 즐겁게 '보글보글' 댄스를 추며 출출하고 심심했던 마음을 삼양라면으로 채운다는 내용이다. 특히, 소녀시대가 부른 '보글보글' 송은 이미 많은 사람들에게 친숙한 멜로디에 쉽고 재미있는 가사를 붙인 CM송으로 큰 관심을 받았다.

2013년은 삼양라면을 출시한 지 50주년이 되는 해로 이를 기념하여 '삼양라면' 패키지 디자인 리뉴얼을 진행했다. 스페셜 에디션 제품으로 패키지 전면에 고객의 사연을 넣었고, 총 네 가지 버전으로 제작해 4월부터 3개월간 한정판매했다.

2016년, 삼양라면 패키지 및 맛 리뉴얼 "라면이 생각날 때, 삼양라면"

삼양식품은 지난 3월에 햄 후레이크를 추가해달라는 소비자들의 의견을 반영하여 햄 맛을 강화하는 리뉴얼을 진행하였으며, 이로써 소비자들의 큰 호응을 얻었다. 이어 6월에 디자인 리뉴얼을 통해 햄 맛을 강조한 조리 이미지를 삽입하고 "친구라면, 삼양라면" –〉 "라면이 생각날 때, 삼양라면"으로 슬로건을 변경하여 더욱 산뜻하게 업그레이드된 패키지를 선보였다.

4
삼양라면의 미래

1969년 대한민국 최초로 라면의 해외수출을 시작한 삼양식품은 현재 K-FOOD를 선도하는 기업으로 자리잡고 있다. 동남아시아, 중국 시장뿐 아니라 미주, 러시아 지역까지 수출을 진행하며 전 세계 소비자들에게 삼양식품의 제품을 선보이고 있다.

그중에서도 '불닭볶음면'이 해외시장에서 대박을 터트리고 있다. 외국인들이 생각하는 한국의 '매운맛' 이미지가 불닭볶음면으로 대표되면서 중국과 동남아시아를 중심으로 해외시장에서 좋은 반응을 얻고 있다. 삼양식품은 이러한 인기를 유지하며 불닭볶음면 브랜드를 강화하기 위해 '치즈 불닭볶음면', '쿨 불닭볶음면', '불닭볶음탕면' 등 불닭볶음면 시리즈를 만들어 판매하고 있다.

불닭볶음면의 인기와 더불어 삼양식품 브랜드의 파워도 높아지고 있다. 불닭볶음면을 발음하기 어려운 외국인들은 이를 '삼양'이라고 부르기 때문에 삼양식품이 수출하고 있는 다른 제품들도 판매가 증가하고 있다.

60년대 배고픔을 해결하기 위해 만들어진 삼양라면은 50년이 넘는 세월 동안 한국인들에게 사랑받아왔지만, 이제는 국내시장에서의 활약을 넘어 전 세계적인 브랜드로 자리매김하기 위해 노력하고 있다. 최근 삼양식품이 선보인 '김치찌개면'이 대표적인 예다. 한국인에게 익숙한 맛인 김치찌개는 누구나 좋아하는 음식으로 꼽힌다. 더구나 김치는 한국을 대표하는 음식이기에 전 세계인들에게도 어필할 수 있다. 이를 강점으로 삼양식품은 김치찌개면의 수출 마케팅을 강화하여 불닭볶음면을 잇는 수출대박 상품으로 만들어갈 계획이다.

해외시장은 삼양식품의 미래다.

주식회사 **오뚜기**

1
오뚜기라면의 탄생 배경

1969년 창립 이래 ㈜오뚜기는 카레, 스프, 케첩, 마요네즈, 식물성 마아가린, 레토르트 등 최고의 품질을 자랑하는 국내 최초의 제품들을 생산, 선보이면서 우리나라 식생활 문화의 선진화를 이끄는 선구자적 역할을 해왔다. 이후 사업 다각화 측면에서 새로운 식품 부문을 검토하던 중 ㈜청보식품을 인수하기로 결정하고 1987년 11월 오뚜기라면 ㈜을 설립하여 1988년부터 진라면, 참라면, 라면박사를 최초로 출시했다.

주요 신제품 연혁

- 1988년: 진라면
- 1991년: 스낵면
- 1994년: 참깨라면
- 1996년: 열라면
- 2004년: 컵누들

- 2011년: 기스면
- 2014년: 카레라면
- 2015년: 진짜장, 진짬뽕
- 2016년: 볶음진짬뽕, 아라비아따, 부대찌개라면

2
오뚜기라면의 역사

국내 프리미엄 짬뽕라면 시장을 선도하는
최고 히트상품 '진짬뽕'

㈜오뚜기가 2015년 10월에 선보인 '진짬뽕'은 출시 50여 일 만에 판매 1천만 개를 돌파했고, 100여 일 만에 5천만 개, 173일 만에 판매 1억 개를 돌파하며 최고의 히트라면으로 자리매김한 바 있다. 진짬뽕의 1년간 누적판매량은 1억 7천만 개에 달하며, 찬바람이 부는 11월부터 7~8월 대비 25%가 넘는 판매량을 보여주고 있다.

쉽게 바뀌지 않는 소비자 입맛을 바꾸어놓은 진짬뽕의 인기 비결은 끊임없는 연구 노력과 변화 추구 전략이었다. 굵은 면발과 자연스러운 중화풍의 라면 트렌드를 읽고, 기존 라면과 다른 라면을 개발한 점, 전국 짬뽕 맛집 88곳을 방문하고 육수 맛 구현을 위해 일본까지 건너가 짬뽕 맛집의 빈 박스까지 찾아보는 노력, 분말스프에 비해 제조공정이 까다롭지만, 국물의 맛을 잘 살릴 수 있는 액상스프로의 과감한 변신을 시도한 전략이 주효했다. 여기에 경쟁사보다 한 발 앞선 출시로 시

장을 선점했다는 점, 불황에 가성비를 중요히 여기는 소비자들의 욕구와 맞아떨어진 점도 있었다. 그리고 국민배우 황정민 씨의 진짬뽕 광고 효과도 빼놓을 수 없는 인기 비결 가운데 하나였다.

28년간 변함없는 인기!
오뚜기라면의 스테디셀러 '진라면'

진라면은 ㈜오뚜기의 대표 라면으로 1988년 출시된 이래 28년간 꾸준한 인기를 모으고 있는 제품이다. 진라면의 2015년 기준 누적 판매량은 40억 개로 전 국민을 5천만 명으로 봤을 때 국민 1인당 80개씩 소비한 셈이다.

진라면은 순한맛과 매운맛 두 가지로 출시되고 있으며, 쫄깃하고 부드러운 면발에 진한 국물과 맛깔스런 양념이 잘 조화되어 달걀, 채소 등 어떠한 재료와도 잘 어울리는 라면이다. ㈜오뚜기의 가장 대표적인 라면이지만, 진라면은 그동안 소비자의 건강과 다양한 기호를 반

영하여 지속적인 변화를 추구했다. 하늘초 고추를 사용하여 진라면의 매운맛을 강화하면서도 국물 맛의 균형을 맞추기 위해 라면스프의 소재를 다양화했으며, 밀단백을 추가하여 식감을 좋게 하기 위한 노력까지, 라면 자체의 맛과 품질에 대한 끊임없는 연구를 통해 현재의 모습으로 진화했다.

국내 라면시장 규모(최근 5년간)

• 단위: 백만 원

년도	2011년	2012년	2013년	2014년	2015년
시장 규모	1,850,000	1,980,000	2,010,000	1,970,000	2,000,160

• 국내 라면시장 규모 업계 추산

국내 주요 라면업체와 시장 점유율 순위(AC닐슨, 판매수량 기준)

• 단위: %

구분		2013년	2014년	2015년	2016년 상반기	전년 동기 대비
시장 점유율 (M/S)	오뚜기	15.6	18.3	20.5	23.2	3.4
	농심	62.0	58.9	57.6	53.3	−4.7
	삼양	12.4	12.8	11.3	10.8	−0.9
	팔도	7.2	7.3	7.5	9.4	1.9

• 오뚜기라면은 2012년 10월, 2위 자리에 올라선 이후 매년 꾸준한 성장세를 보임.

• 2013년 연간 점유율 대비 2016년 상반기 점유율은 7.6% 증가.

• 국내 라면시장은 약 2조 원 규모로, 점유율 7.6% 증가는 매출액이 약 1,500억 원 증가한 수치임.

통상 1년에 출시하는 라면 신제품의 개수와 경제상황 관련 유무

경제상황과 무관하지는 않으나 소비자 입맛의 변화 및 트렌드에 더욱 관련이 있음.

오뚜기 출시 1호 라면

1988년 1월 참라면, 라면박사, 3월 진라면 출시.

진라면 기준으로 라면 면발을 길게 늘였을 때 길이와 스프에 들어가는 재료의 수

- 진라면 조리 후 한 가닥 면의 길이는 평균 55cm.
- 진라면 평균 면 가닥수는 78가닥, 전체 길이는 약 43m.
- 라면 스프에 들어가는 재료의 수는 제품에 따라 다르지만 보통 50여 가지.

국내에서 1년 동안 소비되는 라면의 총량

2011년 기준 35.9억 개(세계라면협회).

오뚜기라면의 수출실적

- 라면 수출로 발생하는 매출과 최근 3년간의 추이를 보자면 2014년
  240여억 원, 2015년 280여억 원, 2016년 1~8월 220여억 원으로
  매년 증가 추세를 보이고 있음.
- 라면 주요 수출국가: 미국, 중국, 동남아시아, 유럽.
- 한국 라면 전체 수출실적: 2014년 기준 4,000여억 원.

3
오뚜기라면 추천 제품 및 특장점 소개

제품명	특징
진라면	• ㈜오뚜기의 대표 라면으로 쫄깃하고 부드러운 면발에 진한 쇠고기 국물과 양념이 잘 조화된 제품이며, 달걀과 최고의 궁합을 자랑함. • 순한맛 라면으로 마니아층을 형성, 국내 라면 판매 2위! • 다른 라면 대비 중량이 가장 무거움(면 중량 107.34g).
진짬뽕	• 출시 173일 만에 누적판매 1억 개를 돌파한 2015년 국내 라면시장 최고 히트제품. • 웍을 통해 발생하는 자연스러운 짬뽕 기름의 불맛, 풍부한 건더기, 라면의 면 폭이 3mm 이상인 태면太麵, 직접 닭을 끓여 추출한 100% 진한 육수가 특징. • 무더위가 이어지는 6~8월에도 일평균 40~50만 개 판매, 9월 본격 성수기 도래.
부대찌개라면	• 사골육수로 맛을 내어 국물이 진하면서 얼큰하고, 햄 맛 페이스트를 넣어 반죽한 쫄깃한 면발의 조화로 부대찌개 전문점에서 맛볼 수 있는 부대찌개의 맛을 그대로 살린 제품. • 햄, 소시지, 김치, 대파, 고추 등 총 8종으로 구성된 건더기스프는 7.2g으로 최근 출시된 프리미엄 라면 제품 중 가장 푸짐한 건더기를 자랑함. • 다른 라면의 조리법과는 다르게 조리 후 넣는 '부대찌개 양념소스'가 별첨.

참깨라면	• 볶음참깨, 달걀블럭, 참기름 등 다른 라면과 차별화된 고급스런 건더기가 들어 있으며, 참깨를 넣어 반죽한 쫄깃한 면발과 구수하고 진한 국물이 일품. • 기호에 따라 조리가 가능하고, 고소한 참깨의 맛과 향을 느낄 수 있으며 국물이 얼큰하여 해장라면으로 인기.
컵누들	• 총 6가지의 다양한 맛으로 구성된 국내 1등 저칼로리면(당면)으로 밀가루를 전혀 사용하지 않고 기름에 튀기지 않은 녹두 당면임. • 콜라겐 100mg 함유로 몸매와 피부, 두 마리 토끼를 잡을 수 있는 여성들의 웰빙간식으로 인기.
열라면	• 고추, 표고버섯, 파 등의 야채류와 양념이 쇠고기 국물과 잘 조화된, 개운하고 얼큰한 맛의 제품. • 2012년 리뉴얼된 열라면은 강한 매운맛을 내는 하늘초 고춧가루가 기존 대비 2배 이상 많아졌으며, 매운맛의 강도를 측정하는 스코빌지수(자사측정치 기준)를 기존 2,110SHU에서 5,000SHU으로 대폭 올려 매운맛을 강화한 것이 특징.

오뚜기라면 활용 요리 레시피

볶음진짬짜장

• 준비물

진짜장 봉지 1개, 볶음진짬뽕 봉지 1개(용기로 대신해도 간편하고 좋다!)

• 레시피

1. 물 700ml에 진짜장과 볶음진짬뽕 건더기스프를 넣고 끓인다.

2. 물이 끓으면 진짜장 면을 넣고 끓이다 1분 후 볶음진짬뽕 면을 넣고 4분간 끓인다. (진짜장은 5분 조리, 볶음진짬뽕은 4분 조리이므로.)

3. 물을 따라 버린 후 진짜장 액상스프 전부와 볶음진짬뽕 액상스프 2/3를 넣고 비빈 후, 마지막에 볶음진짬뽕 유성스프를 넣고 비비면 끝! (조금 더 맵게 조리하고 싶다면 볶음진짬뽕 액상스프로 매운맛을 조절한다!)

냉진짬뽕

• 준비물
진짬뽕 봉지 1개, 설탕 1/2T, 식초 1T

• 레시피
1. 따뜻한 물 200ml에 액상스프와 유성스프를 넣고
녹인 다음 냉장고에서 식힌다. (새콤달콤한 맛을 원한다면
설탕(1/2T)과 식초(1T)를 살짝 넣는다!)
2. 물 500ml에 건더기스프를 넣고 팔팔 끓인 후 면을
넣고 5분 30초 동안 더 끓여준 다음 건져내어 얼음물
에 식힌다. (얼음물에서 식히는 동안 딱딱해질 수 있으니 30
초 정도 더 삶는 것이 포인트!)
3. 얼음을 띄운 냉진짬뽕 육수에 차갑게 식힌 면과 건
더기를 합치면 완성. (기호에 따라 오이, 고추 등의 채소를
곁들여도 좋다!)

진짬뽕 까르보나라

• 준비물

진짬뽕 봉지 1개, 우유 200ml, 양파 1/4개, 베이컨 1/2봉, 체다치즈 1장

• 레시피

1. 물 550ml에 건더기스프를 넣고 끓인 후 진짬뽕 면을 넣은 다음 4분 30초간 끓인다. (완료되면 채로 걸러 물기를 빼준다!)

2. 후라이팬에 진짬뽕 유성스프 기름을 두른 후 양파와 베이컨을 적당한 크기로 썰어 약한 불에 볶는다. 어느 정도 볶다가 우유 200ml와 진짬뽕 액상스프를 넣고 다시 조금 끓인다. (액상스프는 전부 넣거나, 짜다 싶으면 조금 덜 넣어도 된다. 기호에 맞게 조절!)

3. 잘 저어가며 끓인 뒤 물기를 빼준 면과 건더기를 함께 넣고, 체다치즈 1장을 넣은 다음 소스가 면에 밸 정도로 걸쭉해지면 불을 끈다. (치즈를 좋아한다면 더 넣어도 되고, 파메르산 치즈를 넣어도 좋다!)

4
오뚜기라면의 미래

㈜오뚜기의 대표 라면인 '진라면'을 비롯하여 지난해 국내 라면시장 최고 히트상품으로 꼽힌 '진짬뽕', 그리고 담백한 맛을 선호하는 동남아 지역 소비자들의 입맛을 사로잡고 있는 '치즈라면' 등이 해외에서 큰 인기를 끌고 있다.

1988년 출시한 오뚜기라면의 장수브랜드이자 미국, 중국, 러시아, 동남아 등 다양한 국가에 수출되고 있는 '진라면'은 지난해 5월부터 유럽의 3대 미봉이라 불리는 스위스의 '마테호른'에도 판매를 시작했다. 이어 12월에는 스위스 현지 여행사를 통해 전 세계 여행자들을 위한 진라면 무료쿠폰 증정 이벤트를 실시하는 등 다양한 마케팅 활동을 전개해가고 있다.

또한 국내 1등 프리미엄 짬뽕라면인 '진짬뽕'은 지난해부터 수출을 시작하여 10월까지 40억 원에 달하는 수출실적을 기록하면서 오뚜기라면의 수출 성장세를 이끌어나가고 있다.

    특히, ㈜오뚜기의 '치즈라면'은 홍콩, 싱가포르, 대만 등 동남아시아
지역에서 판매량이 크게 늘어나고 있는데, 치즈분말이 들어 있어 얼큰
하기보다는 고소한 라면이다. 라면은 얼큰해야 한다는 인식을 가진 한
국보다 고소하고 깊은 맛을 선호하는 홍콩 사람들의 입맛에 잘 맞은 것
이 성공요인으로 평가받고 있다.

라면 제품 HACCP 인증

2012년 7월부터 라면 제품에 대한 HACCP 인증으로 소비자들에게 위생적이고 안전한 제품 공급을 위해 노력함.

• HACCP(Hazard Analysis and Critical Control Point)
위해 요소 중점 관리 기준. 최종 단계까지 식품의 안전성과 건전성, 품질을 관리하는 위생관리 시스템으로 '해썹', '해십'이라고도 부른다.

국내 최초로
친환경 스마트그린컵 적용

탄소발생을 줄이는 데 기여하면서 소비자들이 더 맛있게 당사 제품을 취식할 수 있도록 함.

• '스마트그린컵' 효과

1) 보존성 향상

2) 종이 사용 감량을 통한 탄소 발생 저감(탄소발생량 51.8% 저감)

3) 보온효과 향상에 따른 면 복원성 향상(내부온도 1.15℃ 높음)

4) Eco Package(스마트그린컵) 문구 삽입: 환경은 살리고 라면의 맛을 좋게 유지해주는 용기입니다.

소비자 편의를 위한
간편콕 스티커 적용

　국내 최초로 당사 비빔 타입 용기면 캡지에 소비자들이 물을 쉽게 버릴 수 있도록 '간편콕'을 적용하고, 소비자 편리성을 부여함.

• 간편콕 스티커란?

비빔 타입 용기면 제품의 물 따르는 방식 편리성 향상을 위해 고안된 스티커. 콕콕콕 4종(라면볶이/스파게티/치즈볶이/짜장볶이), 진짜장, 볶음 진짬뽕, 열떡볶이면 등에 적용되고 있다.

색다른 즐거움 팔도

1
팔도라면의 탄생 배경

창업 초기부터 1983년까지 야쿠르트 단일 제품만을 생산 판매해온 팔도(당시 한국야쿠르트, 2012년 1월, 라면 사업부를 팔도로 법인 분리)에서 전혀 의외의 사업을 시작했다. 1983년 9월 17일 '팔도八道라면'이라는 브랜드로 라면 사업을 시작한 것. (이 브랜드는 현재 팔도의 기업명이 되었다.) 당시 우리나라는 쌀이 부족하여 수입에 의존하고 있었기 때문에 국가에서 혼분식을 장려하던 시기였다. 라면 사업이 성공한다면 우리나라의 부족한 식량 문제를 일정 부분 해결할 수 있었기에 팔도는 이를 기업 이윤뿐만 아니라 국가적으로도 바람직한 사업으로 판단하고 그 일에 뛰어들었다.

유산균발효유 업체가 전혀 다른 분야의 라면 사업에 진출한다는 것은 일종의 모험이었다. 1981년부터 주도면밀한 시장조사가 이루어졌으며 조사 결과, 그동안 타 회사 제품의 라면 맛에 길들여져 있던 소비자들이 새로운 라면의 탄생을 바라고 있다는 것을 알게 되었다. 당시 타사들은 저가 제품을 위주로 활발한 판매활동을 전개하고 있었기에

팔도 이천공장 준공식

최초 팔도라면 3종

팔도는 차별화된 고급 라면을 출시해야 승산이 있다고 판단했다.

라면 사업 추진계획이 확정되자 팔도는 1982년부터 경기도 이천군 부발읍 무촌리 258번지 일대의 토지를 매입하고, 1983년 9월에 이천공장을 완공했다. 팔도는 이 공장에서 '팔도라면 쇠고기', '팔도라면 참깨', '팔도라면 크로렐라' 등 3종류의 라면을 출시하며 라면 사업을 시작했다.

1983년 팔도라면이 출시되자 소비자들의 호응은 뜨거웠다. 마케팅 뿐만 아니라 제품력 측면에서도 호평을 받았으며, 이를 통해 라면시장은 삼파전의 구도로 경쟁시대에 돌입했다.

팔도의 라면 사업 초기 판매전략은 방문판매와 유통판매를 병행하는 이원화 전략이었다. 1983년 9월에 야쿠르트아줌마 방문판매를 통해 라면을 판매하기 시작하였고, 1984년에는 유통사업 영업조직을 구축하여 시판을 시작하였으며, 점차 방문판매의 비중을 줄이고 유통판매의 비중을 높여 1989년에는 100% 유통판매 구조로 전환했다.

2
팔도라면의 역사

1983년 9월, 기존의 라면 맛에 길들여져 있는 고객들에게 새로운 맛을 선보이기 위해 팔도는 '깨끗하고 담백한 라면'이라는 콘셉트를 내세워 국내 최초로 액상스프를 활용한 '팔도라면 참깨'를 출시하고, 잇달아 국내 최초로 클로렐라가 들어간 녹색면 '팔도라면 크로렐라'를 내놓으면서 라면 사업에 뛰어들었다. 라면 후발업체로서 소비자들에게 인식이 낮은 팔도라면이 성공하려면 반드시 기존의 라면과는 차별화된 맛으로

팔도라면 TV광고(광고모델: 심형래)   팔도라면 크로렐라

승부를 낼 수밖에 없었고, 그 차별화가 바로 스프였다.

　당시 라면의 스프는 양념류를 건조시킨 분말스프가 주를 이루고 있었는데, 팔도는 분말스프보다 원료 고유의 맛과 향을 그대로 살려낼 수 있는 액상스프를 활용해 제품을 차별화했다. 팔도가 국내 최초로 액상스프를 생산할 수 있게 된 것은 오랜 기간 동안 발효유 산업을 이끌어오면서 축적된 발효공학, 미생물공학 등 고도의 기술이 있었기 때문이었다. 팔도의 라면 사업 진출은 국내 라면 개발 연구 수준을 일거에 높은 수준으로 끌어올렸다는 점에서 그 의의가 매우 크다고 할 수 있다.

　'팔도라면 크로렐라'는 라면도 건강식으로 만들어야 한다는 취지에서 면에 클로렐라를 첨가해 녹색라면으로 탄생했으며, 당시 건강식으로 중장년층에서 인기가 높았다.

팔도의 축적된 액상스프 기술력은 1984년 출시한 '팔도비빔면'에 적용되어 계절면의 대표적인 제품이 되었다. '팔도비빔면'은 당시 뜨거운 국물과 함께 먹던 라면의 고정관념을 깬 제품으로, 여름철 집에서 삶아 먹는 비빔국수를 라면으로 계량한 아이디어 상품이다. 분말스프 형태의 라면시장에서 액상스프의 개념을 도입하고, 차갑게 먹는 라면 시장을 처음으로 개척하며 계절면의 대표 제품으로 자리잡았다. 개발 당시 전국 유명 맛집의 비빔냉면과 비빔국수 등을 연구하여 매콤, 새콤, 달콤한 맛의 황금비율 소스를 구현하였을 뿐 아니라 원재료를 그대로 갈아 만든 액상스프 기술력과 최고의 원료를 사용하여 맛과 품질 향상에 노력한 것이 팔도비빔면의 성공 원인이었다. 또한 팔도비빔면은 출시 이후부터 지금까지 줄곧 시원한 느낌의 파란색 패키지를 유지해왔으며, 이제 타사 제품을 포함해 비빔면은 '파란색 패키지'라는 등식이 성립되기까지 했다.

팔도비빔면이 처음 출시되었을 때만 해도 라면을 찬물에 헹군 뒤 소스에 비벼 먹는다는 개념이 알려지지 않았던 터라 뜨거운 상태에서 비벼 먹거나, 일반 라면처럼 끓여 먹는 소비자들이 많았다. 이에 팔도는 조리법을 확실히 각인시키기 위해 "오른손으로 비비고, 왼손으로 비비고, 양손으로 비벼도 되잖아"라는 CM송을 제작하기도 했다.

2002년에는 업계 최초로 동결건조하지 않은 레토르트 스프를 넣은 프리미엄 라면 '팔도 참마시'를 출시했으며, 2007년에는 액상 짜장소스를 넣은 '일품짜장면'을 출시하기도 했다. 이 기술력은 2015년 출시한 '팔도짜장면'에 적용되면서 시장에 큰 반향을 일으켰다. 팔도짜장면은 30년 노하우의 액상스프를 담은 정통 프리미엄 짜장라면으로, 일반 분말스프와는 달리 진짜 춘장에 양파, 감자, 돼지고기 등 큼직한 건더기가 들어 있는 액상 짜장소스를 사용해 정통 짜장의 맛을 느낄 수 있게 했다. 특히 원료 중 돼지고기는 한돈자조금관리위원회와 공동 기획하여 국산 돼지고기 100%(한돈)를 사용했다. 이 액상 짜장소스는 춘장에 각종 재료를 볶아 보존성을 높이기 위해 고온에서 살균한 것으로 그냥 비비거나 따뜻하게 데워서 밥과 함께 비비면 '짜장밥'으로도 맛있게 즐길 수 있는 것이 특징이다.

팔도의 라면 사업은 용기면 시장 선점에 성공하면서 더욱 안정 국면으로 들어서게 되었고, 1986년 세계 최초로 사각용기를 활용한 '도시락'을 출시하면서 라면시장에 일대 혁신을 일으켰다. '도시락'이 폭발적인 히트를 기록하면서 팔도가 용기면 시장을 리드할 수 있는 계기가

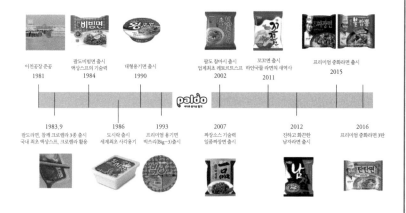

이천공장 준공
1981

팔도비빔면 출시
액상스프의 기술력
1984

대형용기면 출시
1990

팔도 참마시 출시
업계최초 레토르트스프
2002

꼬꼬면 출시
하얀국물 라면의 새역사
2011

프리미엄 중화라면 출시
2015

1983.9
팔도라면, 함께 크로렐라 3종 출시
국내 최초 액상스프, 크로렐라 활용

1986
도시락 출시
세계최초 사각용기

1993
프리미엄 용기면
빅쓰리(Big-3)출시

2007
짜장소스 기술력
일품짜장면 출시

2012
진하고 화끈한
남자라면 출시

2016
프리미엄 중화라면 3탄

팔도의 차별화된 라면 제품

만들어지기도 했다. 현재 '도시락'은 해외에서 더욱 인정받고 있으며, 특히 러시아에서는 용기면 시장의 약 60%를 점유하고 있다.

이후 1990년 대형 용기면 '왕뚜껑'이 출시되면서 판매량이 1년 만에 5배 가까이 성장하였고, 이 여세를 몰아 1993년 당시에는 고가였던 1,000원 가격의 '빅쓰리(Big-3)' 프리미엄 용기면을 출시하기도 했다. 지금까지도 여전히 사랑받고 있는 '왕뚜껑'은 '넓은 용기'와 '뚜껑' 그리고 '푸짐함'이라는 차별화된 콘셉트로 대형 용기면 시장에 새로운 바람을 일으킨 제품이다. 뚜껑을 전혀 활용할 수 없어 뜨거운 용기를 들고 먹어야 하는 불편함이 있는 기존 제품들에 비해 대접 형태의 뚜껑에 라면을 덜어 먹을 수 있도록 만든 것이 특징이다. 또한 용기의 형태를 크게 하여 뜨거운 물을 부을 때 안정성을 높였을 뿐만 아니라, 스프의 건더기를 푸짐하게 만들어 야외에서도 집에서 끓여 먹는 라면 맛을 즐길 수 있도록 했다. 왕뚜껑은 언제 어디서나 간편하게 즐길 수 있다는 점과 함께 얼큰한 국물 맛, 푸짐한 양 덕에 청소년들의 식사대용으로 널리 애용되고 있다.

한편 2011년 업계에 지각변동을 일으킨 '꼬꼬면'은 라면시장에 큰 변화를 가져다주었는데, 시장 점유율 4위였던 팔도가 3위로 올라서는 계기를 마련함과 동시에 하얀 국물 라면의 시대를 열기도 했다.

2012년 출시한 '남자라면'은 소고기 육수 기반에 야채 혼합 육수를 이상적으로 배합하여 진한 국물이 일품이며, 여기에 마늘을 듬뿍 넣어 알싸하고 개운한 매운맛이 특징이다. 면발을 탱탱하고 쫄깃하게 만들어 식감을 살리기도 했다.

2015년 출시한 '팔도불짬뽕'은 '팔도짜장면'에 이은 프리미엄 중화요리 시리즈 두 번째 제품으로, 진한 국물에 불맛이 살아 있는 정통 짬뽕을 제대로 구현했다. 팔도불짬뽕은 원물 그대로의 맛을 느낄 수 있는 액상스프를 사용했으며, 사골육수에 해물이 어우러져 진한 짬뽕 국

팔도 프리미엄 중화라면 3종사

물을 맛볼 수 있다. 또한 오징어, 목이버섯, 양배추, 홍피망 등 풍성한
건더기와 불맛, 매운맛을 느낄 수 있는 향미유를 통해 짬뽕의 풍미를
강화했다.

2016년 출시한 프리미엄 중화요리 시리즈 세 번째 제품인 '팔도탄
탄면'은 돼지 뼈와 닭을 육수로 우려내 깊고 풍성한 맛을 구현하였으
며, 국물과 잘 어울리는 쫄깃하고 부드러운 면발을 적용했다. 또한 두
반장, 굴소스와 높은 함량의 땅콩버터가 들어 있는 액상스프로 '탄탄
면'의 핵심이라고 할 수 있는 고소하고 매콤한 맛을 잘 살렸다. 특히 청

경채, 양배추, 대두단백, 홍피망 등의 풍성한 건더기와 중국의 지마장 소스를 차용한 참깨, 고추씨기름으로 만든 향미유 덕에 정통 중화풍 탄탄면의 맛을 제대로 느낄 수 있다.

팔도는 1983년 라면 사업에 첫발을 내디디면서부터 30년이 넘는 기간 동안 라면시장의 다양한 고객의 요구를 반영하여 도전적인 제품, 국내에서 최초로 선보이는 제품 등 차별화된 신제품을 개발하기 위해 항상 노력해왔다. 앞으로도 보다 나은 제품과 서비스를 통해 고객에게 사랑과 신뢰를 얻고 세계로 도약해나갈 팔도의 미래가 기대된다.

3
제품 비하인드 스토리(팔도 도시락)

1986년 국내 최초로 사각용기를 적용
해 오랫동안 많은 사랑을 받아온 팔도
도시락 용기면이 2016년 출시 30주년
을 맞았다. '도시락' 용기면은 출시 당
시 좁은 컵이나 사발 형태가 대부분이
었던 라면시장에서 사각용기를 세계
최초로 적용한 제품이다. 도시락은 바
닥이 넓고 안전성이 뛰어난 독특한 용

기로 뜨거운 물을 부을 때 안전하고 휴대도 간편하여 책가방 속에 넣어
다니는 등 많은 사랑을 받았으며, 특히 중년층에게는 학교 매점에서
자주 먹던 라면 제품으로 기억되고 있다. 지금도 여전히 기성세대의
도시락에 대한 향수를 자극하며 소비자들의 사랑을 받고 있다.

'팔도 도시락'은 2016년 누적 판매량 50억 개를 돌파했다. 판매 금

액으로는 2조 1천억 원(국내 3천억 원+해외 1조 8천억 원)에 해당하는 양이다. 50억 개의 팔도 도시락(높이: 4.5cm)을 일렬로 세우면 세계 최고층 빌딩인 '부르즈

팔도 도시락 출시 당시 광고

할리파(828m, 아랍에미리트)'를 13만 5천 번 왕복할 수 있으며, 대한민국에서 가장 높은 빌딩인 '제2롯데월드(555m)'를 20만 번 이상 왕복할 수 있다. 또한 팔도 도시락 50억 개를 가로(16cm)로 쭉 늘어놓으면 지구(4만 120km) 20바퀴를 돌 수 있다.

2016년 11월에는 출시 이후 처음으로 도시락 용기면의 진하고 구수한 쇠고기 국물 맛은 그대로 유지하면서 전체적인 맛과 식감을 더욱 업그레이드한 '도시락 봉지면'을 출시하기도 했다. 이 제품은 더 부드럽고 쫄깃한 식감의 얇은 면발을 적용하였으며 면발에 마늘과 양파 등의 야채 풍미액을 첨가해 국물과의 어울림을 강화했다. 사골과 장국 육수를 보완해 더욱 진하고 깔끔한 맛을 느낄 수 있다. 제품 패키지 디자인은 도시락의 정체성을 강화하고 통일성을 유지하기 위해 용기면과 동일한 디자인 틀을 적용하였으며 출시 당시의 복고 이미지를 살렸다.

'팔도 도시락'은 30개국 이상의 해외에서 판매되고 있는 글로벌 식품 브랜드로 국내보다 해외에서 더욱 인기가 높은 제품이다. 지난 30년간 해외에서 44억 개가 판매되었으며, 국내 판매량(6억 개)보다 7배 이상 많다. 특히 도시락은 러시아에서 '국민식품'으로 통한다. 1991년에 시작된 도시락 수출은 부산에 정박해 있던 러시아 선원들이 맛을 보면서 우연처럼 시작됐다. 당시 부산항과 블라디보스토크를 오가던 선원들과 보따리상을 통해 알려지기 시작한 도시락은 수요가 계속 늘기 시작해 1997년 블라디보스토크에 사무소를 개설하여 수출을 본격화하였다. 도시락은 시베리아 지방의 추위를 달래줄 수 있는 먹거리로 인식되면서 러시아인들의 입맛을 사로잡기 시작했다. 특히 1998년 러시아가 모라토리엄(지급유예)을 선언하면서 많은 기업들이 철수했던 반면, 팔도는 잔류해 마케팅 활동을 강화한 것이 러시아인들에게는 어려울 때 의리를 지킨 기업으로 기억되고 있다.

도시락이 러시아에서 성공한 이유는 맛을 현지화해 치킨, 버섯, 새우 등 다양한 맛을 출시하고, 원료를 고급화하고, 우수한 가공기술을 바탕으로 제품을 공급한 데 있었다. 모든 도시락 제품에 포크가 들어 있도록 해서 타사 제품과 차별화하기도 했다. 도시락은 시베리아 횡단 철도(TSR) 이용자들이 많이 즐기고 있으며, 일부 구간에서는 열차 안

현재 팔도 도시락 제품

에서도 구입이 가능하다. 역으로 몰려드는 상인들의 바구니에 반드시 들어 있을 정도이며, 특히 열차 여행객들에게 '도시락'은 필수 준비품목으로 우리나라의 '가락우동'처럼 도시락을 먹는 것이 철도 여행의 또다른 재미로 인식되고 있다. 주말 별장 '다차'로 향하는 러시아인들이 여행 가방에 담는 필수품이 된 도시락은 러시아 극동에 위치해 세상에서 가장 추운 도시로 알려져 있는 '야쿠츠크'에서도 만날 수 있다. 러시아에서는 도시락에 햄, 마요네즈, 빵을 넣어 함께 먹는 조리법도 인기다. 이러한 러시아 소비자들의 식습관을 반영하여 마요네즈 소스가 함께 들어 있는 '도시락 플러스' 제품을 출시하여 판매중이기도 하다.

1997년 600%의 신장세를 보인 도시락은 2010년 이후 매년 10% 이상 판매가 증가하여 현재 러시아에서 2억 달러 이상의 매출을 올리고 있다. 특히 도시락은 우리나라에서 단일 라면 브랜드이지만, 러시아에서는 브랜드 파워가 막강해 종합식품 브랜드로 인식되고 있다. 해외에서만 2억 달러 이상이 판매되고 있는 도시락은 2014년 러시아 국가 상업협회가 주관하는 '제16회 올해의 제품상'에 라면업계 최초로 선정되기도 하였다. 뿐만 아니라 '제3회 한러비즈니스어워드'에서 올해 최고의 브랜드상을 수상하며 민간외교로서의 역할을 톡톡히 하고 있다.

4
팔도라면의 미래

2012년 라면과 음료사업을 중심으로 새롭게 출발한 팔도는 고객의 사랑과 신뢰 속에 대한민국 대표기업으로 성장해가고 있다. 색다르고 신선한 제품을 통해 고객과 소통하며, 건강하고 풍요로운 사회를 만들기 위해 노력하고 있다.

앞으로 팔도가 열어갈 길은 무한하다. 쉽지 않은 시장 상황이지만, 지난 30여 년간 시장 점유율 4위라는 불리한 조건 속에서도 수많은 히트상품과 마케팅 이슈들을 만들며 살아남은 저력은 팔도의 잠재력이 무한함을 반증한다. 기존에 없었던 차별화된 제품과 전략으로 라면시장의 트렌드를 선도하고 고급 원료를 사용, 맛과 영양을 향상시켜 국내 라면시장 점유율을 높인다면 대한민국 최고의 식품기업으로 성장해나갈 것이다. 또한 지금보다 더욱 세계로 영역을 넓혀, 전 세계 모든 사람들이 선호하는 제품을 통해 글로벌 종합식품기업으로 성장해나갈 팔도의 새로운 역사도 기대해보자.

라면완전정복

초판 1쇄 발행 · 2017년 5월 18일

지은이 · 지영준
펴낸이 · 김요안
편 집 · 강희진
디자인 · 박정민

펴낸곳 · 북레시피
주소 · 서울시 마포구 신수로 59-1, 2층
전화 · 02-716-1228
팩스 · 02-6442-9684
이메일 · bookrecipe2015@naver.com | esop98@hanmail.net
홈페이지 · www.bookrecipe.co.kr
등록 · 2015년 4월 24일 (제2015-000141호)
창립 · 2015년 9월 9일

종이 · 화인페이퍼 | 인쇄 · 삼신문화사 | 후가공 · 금성LSM | 제본 · 대흥제책

ISBN 979-11-88140-04-6 (03590)

• 이 도서의 국립중앙도서관 출판예정도서목록(CIP)은 서지정보유통지원시스템
홈페이지(http://seoji.nl.go.kr)와 국가자료공동목록시스템(http://www.nl.go.kr/kolisnet)에서
이용하실 수 있습니다. (CIP제어번호: CIP2017009889)